"创新设计思维"
数字媒体与艺术设计类新形态丛书

案例学 AIGC+

Premiere

视频编辑与特效制作

微|课|版

张勇 强洪◎主编

人民邮电出版社
北京

图书在版编目（CIP）数据

案例学 AIGC+Premiere 视频编辑与特效制作：微课版 /
张勇，强洪主编. -- 北京：人民邮电出版社，2025.
（"创新设计思维"数字媒体与艺术设计类新形态丛书）.
ISBN 978-7-115-66567-6

Ⅰ. TP317.53

中国国家版本馆 CIP 数据核字第 20259MR096 号

内 容 提 要

本书通过案例全面且系统地讲解视频编辑与特效制作。

本书共 9 章，第 1 章为视频编辑与特效制作基础知识；第 2 章为 Premiere 基础知识；第 3～8 章分别讲解宣传片、影视包装、影视特效、视频广告、自媒体短视频、电商视频的行业知识和实战案例；第 9 章为综合案例，帮助读者深入理解不同领域的视频制作需求和应用场景，提升读者的视频编辑与特效制作水平和实际应用能力。

本书内容由浅入深、理实结合，可作为本科院校、职业院校、培训机构视频类课程的教材，也可作为视频编辑与特效制作初学者、爱好者、相关从业人员的参考书。

◆ 主　编　张　勇　强　洪
　　责任编辑　韦雅雪
　　责任印制　胡　南

◆ 人民邮电出版社出版发行　　北京市丰台区成寿寺路 11 号
　　邮编　100164　　电子邮件　315@ptpress.com.cn
　　网址　https://www.ptpress.com.cn
　　天津市银博印刷集团有限公司印刷

◆ 开本：787×1092　1/16
　　印张：13.5　　　　　　　　　2025 年 6 月第 1 版
　　字数：319 千字　　　　　　　2025 年 11 月天津第 2 次印刷

定价：79.80 元

读者服务热线：(010)81055256　印装质量热线：(010)81055316
反盗版热线：(010)81055315

前言

　　视频编辑与特效制作作为一种动态视觉艺术，在信息传递、文化交流及商业营销等领域占据了重要地位，无论是宣传片、影视剧，还是视频广告等，都可以利用视频编辑与特效制作增强内容的吸引力和感染力。与此同时，随着科学技术的不断发展，人工智能（Artificial Intelligence，AI）技术为视频与特效带来了更多的创意和可能性。在这样的技术浪潮下，设计人员唯有不断学习、实践与创新，才能紧跟时代的步伐，创作出更好的作品。

　　基于此，编者编写了《案例学AIGC+Premiere视频编辑与特效制作（微课版）》一书。该书以行业需求为导向，力求通过丰富的设计知识和设计示例引导读者掌握前沿设计技能；让读者不断寻求创新与突破，更好地提升专业素养，为建设科技强国、人才强国而奋斗。

▌本书特色

　　● **学习目标+学习引导，轻松明确学习方向**。本书每章由章节导读引入相关内容，从知识目标、技能目标和素养目标3个方面，帮助读者厘清学习思路。另外，本书还设置了学习引导，引导读者高效预习，明确本章主要内容及重点、难点，科学提炼学习方法和技能要点，提供学时建议和技能巩固与提升指导，激发读者的学习兴趣。

　　● **行业知识+实战案例，深入理解行业应用**。本书涵盖宣传片、影视包装、影视特效、视频广告、自媒体短视频、电商视频等主流视频与特效，以行业知识引导读者学习，按照"案例背景→设计思路→操作要点→步骤详解"的设计流程，让读者深入体验行业案例的具体制作过程，充分理解并掌握行业案例的设计与制作方法。

　　● **Premiere +AI工具，结合科技高效创新**。本书以视频编辑与特效制作中广泛应用的Premiere 2024为蓝本，充分考虑Premiere的功能和操作的难易程度，在实战案例中归纳操作要点并提供操作视频，还附有Premiere操作教程电子书二维码，供读者扫码自学、进一步了解软件功能。另外，本书紧跟行业前沿设计趋势，讲解常用AI工具的技术原理、使用方法，并提供行业案例的演示示例，让读者能够实际体会AI工具在视频编辑与特效制作中的应用，从而拓展读者的设计思维，提升读者的创新能力。

　　● **拓展训练+课后练习，巩固所学知识并提升视频编辑与特效制作的能力**。本书部分章末通过拓展训练和课后练习帮助读者进一步巩固理论知识，并提升读者视频编辑与特效制作能力。拓展训练提供完整的实训要求，并展示操作思路，让读者能够举一反三、同步训练；课后练习通过填空题、选择题、操作题等，进一步提升读者独立完成项目的能力。

● **思维培养+技能提升+素养培养，培养高素质专业型人才**。本书在正文讲解中不仅适当融入"设计大讲堂"栏目，讲解设计规范、设计理念、设计思维、设计趋势、前沿信息技术等，助力读者的设计思维培养与专业能力提升；还适当融入"操作小贴士"栏目，提升读者的软件操作技能。并且，实战案例在考虑案例商业性的情况下，融入家国情怀、工匠精神、传统文化、开拓创新等元素，旨在培养读者的文化自信。

▎资源支持

本书提供丰富的配套资源和拓展资源，读者可使用手机扫描书中的二维码获取对应资源，也可登录人邮教育社区（www.ryjiaoyu.com）获取相关资源。

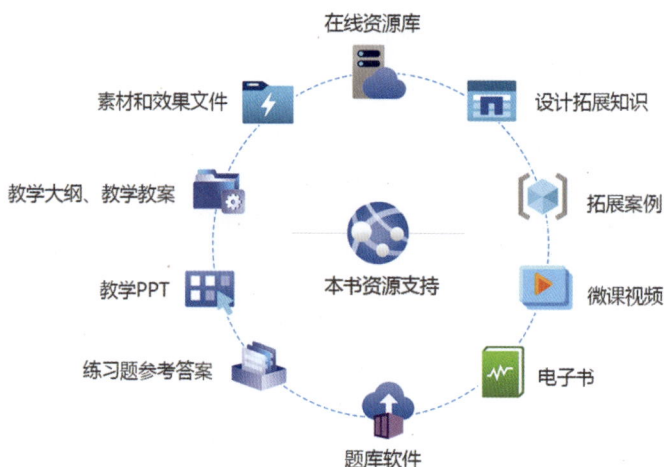

素材和效果文件使用说明：本书提供的所有素材和效果文件，均以案例名称命名，并归类至对应章节文件夹，便于读者查找和使用。

编者

2025年2月

目录

第 8 章

172 ——————— 电商视频制作

第 9 章

194 ——————— 综合案例

Pr

第 **7** 章

视频编辑与特效制作基础知识

随着数字技术的飞速发展，视频编辑与特效制作已逐渐从传统的影视制作领域渗透到人们生活中的每一个角落。这一变化不仅让视频创作变得更加普及与便捷，还激发了更多用户的创作兴趣和创作欲望。而作为初学者，在进行实际操作之前，需要先了解视频编辑与特效制作的基础知识。

学习目标

▶ 知识目标

◎ 熟悉视频制作常用术语。
◎ 掌握视频编辑与制作的相关技巧。
◎ 了解视频编辑与特效制作的应用领域。

▶ 技能目标

◎ 能够在视频拍摄中使用各种不同的景别。
◎ 能够运用不同的镜头进行拍摄。

▶ 素养目标

◎ 培养对视频编辑的兴趣。
◎ 培养乐于钻研的学习精神。

学习引导

STEP 1　相关知识学习　　　　　　　　　　　　　　　建议学时：＿2＿学时

| 课前预习 | 1. 扫码了解视频的发展历程和获取方式，以及特效的发展历程，建立对视频和特效的基本认识
2. 网络搜索视频与特效案例，通过欣赏不同类型的作品提高对视频与特效的理解和审美水平 |

课前预习

| 课堂讲解 | 1. 视频编辑与特效制作基础和应用领域
2. 视频制作常用术语、视频编辑与制作技巧 |

| 重点难点 | 1. 学习重点：视频编辑与特效制作的工作流程、帧与帧速率、像素与分辨率、常见视频格式
2. 学习难点：不同景别和镜头的特点、视频剪辑的常用思路 |

STEP 2　技能巩固与提升　　　　　　　　　　　　　　建议学时：＿1＿学时

| 课后练习 | 通过填空题、选择题巩固基础知识，通过画面分析题提升辨别景别和镜头的能力 |

1.1　视频编辑与特效制作基础

　　视频编辑主要是指对素材进行剪辑、调整等操作，从而创造出流畅且富有吸引力的视频作品。而特效制作可通过添加各种效果来增强视频的观赏性和视觉冲击力。视频编辑与特效制作是提升视频作品质量和增强受众体验感的关键步骤。

1.1.1　视频与特效的基本概念

　　视频作为现代传媒的重要载体，以其生动的表现形式，成为人们传递信息与表达情感的重要工具。特效则如魔法一般，可以让视频变得更加绚丽多彩。

1. 视频

　　当连续的图像每秒变化超过24帧画面时，根据视觉暂留原理（用于解释视网膜对光所产生的视觉在光停止作用后，仍保留一段时间的现象），人眼无法辨别单幅的静态画面，视觉效果看上去是平滑连续的，这样的连续画面被称为视频。

　　视频技术最初是因电视系统而出现的，随着时间的推移，它已经发展出多种记录和传播方式，使大众能够方便捕捉和分享生活的点滴。网络技术的发展使视频片段以流媒体（互联网线上即时影音播放技术）的形式存在于互联网中，可被计算机或移动设备接收与播放，图1-1所示为计算机中的软件播放的视频。

图1-1　计算机中的软件播放的视频

2. 特效

特效基于计算机图形学和数字影像处理技术的高度发展而产生，其基本原理是在计算机中对画面进行数字处理，通过改变某些特殊属性的参数，达到想要的特殊效果。视频特效可以使视频更加生动、有趣，给受众带来全新的视觉享受。图1-2所示为电影《飞驰人生》中赛车竞技的特效画面，利用重叠幻影、动态模糊和空中飞行等特效，营造出紧张、刺激的氛围。

图1-2　电影《飞驰人生》中的特效画面

1.1.2 视频的基本元素

画面、音频和字幕构成了视频内容的骨架和视觉呈现的核心，它们共同作用为受众呈现一个个具有感染力和表现力的作品。

1. 画面

视频中较为直观的元素是画面，它包含视频中的所有视觉信息，其中的画面组成、色彩、构图等都会直接影响受众的视觉体验。

● 画面组成。画面通常由主体元素（如人物、物体等）和背景元素组成，主体元素和背景元素在画面中相互依存、相互衬托，共同构建出完整的视觉效果。其中，主体元素通过吸引受众的注意力并传递信息，成为画面的焦点，而背景元素则通过提供场景信息来营造氛围，为主体元素提供背景和支撑，如图1-3所示。合理运用主体元素和背景元素，可以有效提升画面的视觉效果和表现力，使受众更加深入地理解和感受视频内容。

- **色彩**。色彩是情感表达的有力工具，不同的色彩能够引发受众不同的情感反应。例如，暖色调（如红色、橙色、黄色等）通常传递温暖、热烈、充满活力的感觉，如图1-4所示，而冷色调（如蓝色、绿色、紫色等）则可营造出冷静、平和或神秘的氛围，如图1-5所示。另外，通过色彩对比和色彩搭配，还可以有效地突出画面的主题。

| 图1-3　画面组成 | 图1-4　暖色调 | 图1-5　冷色调 |

- **构图**。良好的构图可以引导受众的视线，使受众按照特定的顺序或路径浏览画面，这有助于受众更好地理解画面中的内容和主题。同时，通过合理的构图布局，还可以强调画面中的重点内容或元素。

2. 音频

音频是视频中的重要元素，不同的音频类型能对视频起到不同的作用，同时音频的音量和平衡也能对视频产生影响。

- **音频类型**。音频有对话、背景音乐、音效等多种类型。对话是视频中人物之间的语言交流，能够直观地传递人物的思想、情感和故事情节，是视频内容叙述的重要手段；背景音乐用于衬托背景，可以增强视频内容的情感表达和氛围营造效果；音效则常常用于模拟现实生活中的声音，能够增强视频的真实感和受众的代入感。

- **音量和平衡**。音频的音量是指声音的强弱，而平衡则是指不同音频之间的音量分配。合理的音量和平衡设置可以使受众更舒适地聆听音频内容，避免某些元素过于突出或掩盖其他元素。

3. 字幕

字幕是视频中常见的文本元素，可以补充或解释画面和音频的内容、传达重要信息等。按照字幕功能的不同，字幕可分为以下3种类型。

- **标题字幕**。标题字幕主要用于标识整段视频或特定部分的开始，通常包含视频名称或其他重要的标题信息，图1-6所示为电影《流浪地球2》的片头标题字幕。这类字幕通常较大且醒目，以吸引受众的注意力。这类字幕还可能包含艺术字体、动画效果或搭配背景音乐，以增强视觉吸引力。

- **对话字幕**。对话字幕可以为那些听不清或听不懂原始语言对话的受众提供语言上的帮助，准确地传达视频中的对话内容。对话字幕通常位于视频画面底部中央，不干扰受众观看画面，且与对话同步出现和消失，以确保受众能够轻松跟随对话。有时，对话字幕可能还包含角色名称或声音提示（如旁白），以区分不同角色的对话。

● **说明性字幕**。说明性字幕可以用于解释信息、画面中的特定元素，以及翻译非言语的声音元素（如笑声、哭声）等，为受众额外解释或强调场景、情感、背景或其他重要信息。图1-7所示为某综艺画面的说明性字幕，这类字幕可能不包含实际对话内容，但有助于受众更好地理解故事或情境。说明性字幕的大小和位置因需要强调的信息量而异，其内容可能包含描述性文字、情感标签或其他相关信息，在特定场景或情感高潮时出现，以吸引受众的注意力。

图1-6　标题字幕

图1-7　说明性字幕

1.1.3　视频编辑与特效制作的工作流程

明确的工作流程有助于制作人员更加系统地规划和执行视频编辑与特效制作任务，制作人员通过严格把控每一个环节的质量标准，确保每一个细节都达到较好的状态。由于不同软件的功能存在差异，以及不同类型作品的需求不同，视频编辑与特效制作的工作流程也会有所不同。这里以制作"校园时光"短视频的工作流程为例，将其细化为以下6个步骤。

1. 确定思路

在制作视频之前需要明确视频的制作目的和受众群体，了解视频的用途、主题、风格以及所要传达的信息，以便梳理出清晰的思路，是影响视频作品质量的重要因素。同时，还可以在互联网中查阅与之相关的视频，分析视频的剪辑技巧、特效、色彩等，提炼出可借鉴的元素。

确定好视频的大致方向后，就可以开始规划视频内容，如画面、转场、字幕、时长、特效、动画等要素，这有助于制作人员在后期制作时提高工作效率。表1-1所示为"校园时光"短视频的内容规划。

表1-1　"校园时光"短视频的内容规划

序号	画面	转场	字幕	时长	特效／动画	音乐／音效
1	早晨，阳光下的校园小路上，鸟儿在枝头歌唱	渐变淡入	校园时光（居中）	5秒	音符飘浮在小鸟周围	小鸟叫声
2	学生们在草坪上和树荫下晨读	滑动转场	晨读时光（居左）	5秒	轻柔的光效	读书声
3	老师在课堂上讲课，学生认真听讲	溶解转场	知识海洋（居右）	5秒	无	讲课声

续表

序号	画面	转场	字幕	时长	特效 / 动画	音乐 / 音效
4	学生们在操场上活动，打篮球、踢足球等	滑动转场	课间欢乐（居左）	5秒	部分镜头使用慢动作	欢快的音乐
5	学生们参加社团活动，如舞蹈、音乐、美术等	溶解转场	社团生活（居右）	5秒	流动线条光效围绕人物或物品	欢快的音乐
6	夕阳西下，学生们离开校园，脸上充满期待	闪白转场	再见校园（居中）	5秒	画面定格后出现字幕	温和的音乐（淡出）

设计大讲堂

如果在拍摄视频之前就制定好了分镜头脚本，制作人员在后期制作时可以参考该分镜头脚本来规划制作流程，以提高工作效率。分镜头脚本是将故事情节转换成镜头语言的一种剧本，也是制作人员对一个作品的创作意图的详细体现，通常包括镜号、景别、镜头、时长、画面内容、人物台词、后期要求等内容，是前期拍摄的脚本、后期制作的依据，也是用于确定视频长度和经费预算的重要参考。

2. 收集和整理素材

视频编辑中常见的素材有音频、视频、文本、图像等类型，制作人员可以通过客户提供、网络收集、拍摄与录制等方式收集素材，然后按照类型进行分类管理。

- 客户提供。从客户处获得视频编辑中需要的文本、图像、音频和视频等素材。
- 网络收集。在互联网上通过各种资源网站收集图像、音频、视频等素材，但在使用这些素材时要注意版权问题。
- 拍摄与录制。为制作出更符合实际需求的视频，还可以根据实际情况自行拍摄图像、视频或录制音频等。

3. 剪辑视频

剪辑视频是指将整理后的视频素材按照剪辑思路归纳和剪切，删除不需要的视频内容，并重新组合视频，使视频内容更符合实际需求。

4. 优化视频效果

在剪辑视频的基础上，通过为视频添加过渡效果、调整视频色彩等操作，提升视频画面的视觉美观度；再通过添加字幕、图形等操作，丰富视频内容；还可以通过添加背景音乐和音效，增强视频画面的表现力，渲染氛围。

5. 制作特效

根据部分画面的需求，为其添加烟雾、光影、火焰等特效，同时确保特效与视频内容自然融合，避免出现突兀和不协调的情况，使视频更具吸引力和表现力。

6. 导出视频

完成前面的操作后，一个完整的视频作品基本上已制作完成。此时可以导出视频，使视频能通过多媒体设备进行传播与播放，让更多受众看到该视频。需要注意的是，在导出前应先保存源文件，便于后续再次使用或修改内容。

1.1.4 视频编辑与特效制作的常用工具

随着多媒体技术的不断发展，用于视频编辑与特效制作的软件层出不穷，它们都有独特的功能、强大的剪辑与编辑工具。视频编辑与特效制作的常用工具如下。

- **Adobe Premiere Pro**。Adobe Premiere Pro（后文简称Premiere）是由Adobe公司开发的一款视频编辑与特效制作软件，其因强大的视频编辑功能，受到很多视频与特效设计师的青睐，被广泛用于影视、广告、教育、旅游、金融等领域。

- **Avid Media Composer**。Avid Media Composer是Avid公司推出的专业视频编辑软件，是较为知名和广泛使用的专业视频编辑与特效制作软件之一。它提供了强大的剪辑工具、多轨道编辑功能和高级音频混合工具，可以处理多种格式的视频素材，对视频素材进行精确的剪辑和调整。

- **剪映**。剪映是抖音官方推出的一款视频编辑与特效制作工具，具有全面的剪辑功能，如切割、变速、倒放等，还有多种转场、贴纸、变声、滤镜和美颜等效果，以及丰富的曲库资源。剪映有Android版、iOS版、Windows版、macOS版，支持多种系统平台。

- **AI辅助工具**。AI是研究、开发用于模拟、延伸和扩展人的智能的理论、方法、技术及应用系统的技术科学。在视频编辑与特效制作中，AI辅助工具的应用日益广泛，极大地提升了视频制作效率与视频质量。制作人员可以利用AI对话工具获取灵感、分析视频受众的需求、生成视频文案等；利用AI思维导图工具快速生成和整理创意构思，形成清晰的制作方案；利用AI图像工具生成与处理视频中的图像素材等；利用AI视频工具生成视频、去除视频背景、提升视频分辨率、生成数字人等；利用AI音频工具制作配音、背景音乐和音效，以及降低或消除视频中的环境噪声、提高音频的清晰度和质量等。

1.1.5 AI时代下视频编辑与特效制作的发展趋势

在AI时代下，随着深度学习、图像识别、自然语言处理和虚拟现实（Virtual Reality，VR）、增强现实（Augmented Reality，AR）等技术的不断发展，视频编辑与特效制作正在逐渐突破传统的创作边界，为受众提供更丰富、更个性化的体验，其发展趋势如下。

- **视频创作智能化**。随着深度学习技术的不断进步，AI系统能够从大量视频中学习和提取特征，提高视频分析的准确性和效率，为制作人员提供更丰富的参考信息，使视频编辑与特效制作过程更加智能化和自动化，大大减少人工工作量。

- **视频画面精细化**。图像识别技术能够准确识别视频中的物体、场景和人脸等关键信息，为视频内容分析提供有力支持，使特效制作能够更加精确地匹配场景和角色，提高特效的逼真度和细腻度。

● **视频字幕与语音处理自动化。**自然语言处理技术使得AI系统能够理解和解析视频中的语音和文字内容，实现更高级的视频内容分析和处理，这对于视频编辑中的字幕生成、语音转文本等功能具有重要意义。

1.2 视频制作常用术语

为了更好地理解和掌握视频制作的精髓，需要先熟悉一些视频制作常用术语。

1.2.1 帧与帧速率

帧是视频制作的重要概念，它相当于电影胶片上的每一格镜头，一帧就是一个静止的画面，而播放连续的多帧就能形成动态效果。

帧速率则是指视频画面每秒传输的帧数，以帧/秒（Frames Per Second，fps）为单位，如24fps代表在一秒钟内播放24个画面。一般来说，帧速率越大，播放的视频画面越流畅，但同时视频文件也会越大，进而影响后期编辑、渲染，以及视频输出等环节。视频作品中常见的帧速率主要有23.976fps、24fps、25fps、29.97fps和30fps等。

1.2.2 像素与分辨率

像素与分辨率可以影响视频的成像质量，在视频编辑与特效制作时需要根据实际需求进行设置。其中，像素是构成画面的最小单位，而分辨率是画面在横向和纵向上包含的像素数量，其表示方法为：画面横向的像素数量×画面纵向的像素数量，如1920像素（宽）×1080像素（高）的分辨率就表示画面中共有1080条水平线，且每一条水平线上都包含1920个像素。

像素和分辨率对画面的影响较大，更高的分辨率意味着更高的像素密度，可使画面更加清晰。在视频作品中，高分辨率的画面可以提供更多的细节和更好的色彩渐变，但也会导致文件大小变得更大，从而增加存储和传输成本。

需要注意的是，如果显示器或其他数字媒体设备无法支持高分辨率，则画面可能会失真或变得模糊。因此，在选择分辨率时，需要综合考虑设备性能、存储和传输需求以及所需画面质量等因素。目前，视频常用的分辨率有1280像素×720像素、1920像素×1080像素和4096像素×2160像素等。

1.2.3 时间码

时间码是指摄像机在记录图像信号时，为每一幅图像（每一帧）的出现时间设置的时间编码。时间码以"小时:分钟:秒钟:帧数"的形式确定每一帧的位置，以数字表示小时、分钟、秒钟和帧数，如00:01:15:14表示1分钟15秒14帧。需要注意的是，当视频的帧速率不同时，时间码中帧数的取值范围也会不同，如帧速率为30fps时，帧数的取值范围为0 ～ 29；帧速率为25fps时，帧数的取值范围为0 ～ 24。

1.2.4 视频扫描方式

视频扫描方式是指视频显示设备（如电视机、计算机显示器等）在显示视频画面时，电子束（一束由电子组成的粒子流）按照一定的顺序和规律在屏幕上进行扫描的方式。它会影响视频画面的稳定性和清晰度，主要有隔行扫描和逐行扫描两种类型。

● 隔行扫描。隔行扫描的每一帧都由两个场组成，一个是奇场，是指帧的全部奇数场，又称为上场；另一个是偶场，是指帧的全部偶数场，又称为下场。场以水平线的方式隔行保存帧的内容，在显示视频画面时会先显示第1个场的交错间隔内容，再显示第2个场，让第2个场的内容填充第1个场留下的"缝隙"，使画面显示完整，如图1-8所示。隔行扫描虽然可以减少传输的数据量，但可能会造成画面闪烁，或画面中的移动物体出现残影等问题。

图1-8　隔行扫描

● 逐行扫描。逐行扫描会同时显示视频画面中每帧的所有像素，从显示设备的左上角一行接一行地扫描到右下角，扫描一遍便可显示一幅完整的图像，即无场，如图1-9所示。逐行扫描的优点是画面清晰、稳定，且没有闪烁感，特别适合于展示快速移动的画面。

图1-9　逐行扫描

1.2.5 视频制式

视频制式是指一个国家或地区播放节目时，显示电视图像或播放声音信号所采用的一种技术标准，主要有NTSC、PAL和SECAM这3种视频制式。不同的视频制式具有不同的分辨率、帧速率等标准。

● NTSC制式。NTSC（National Television Standards Committee，国家电视标准委员会）制式是北美、日本等地使用的一种视频制式，它使用60Hz作为交流电的基准频率，帧速率为30帧/秒。

● PAL制式。PAL（Phase Alternation Line，逐行倒相）制式是欧洲、澳大利亚、中国等地使用的一种视频制式，它使用50Hz作为交流电的基准频率，帧速率为25帧/秒。

● **SECAM制式**。SECAM（Sequential Color and Memory，按顺序传送彩色与存储）制式是法国、俄罗斯等地使用的一种视频制式，它使用50Hz作为交流电的基准频率，帧速率为25帧/秒。

1.2.6 视频压缩方式

由于视频占用的空间较大，存储不便，因此制作人员可在遵循视频压缩标准的前提下压缩视频，压缩视频可采用以下两种方式。

● **无损压缩**。无损意为"不丢失数据"，即一个文件使用无损压缩时，文件大小会变小，但解压之后全部数据仍然存在，因此可以反复压缩而不会丢失任何数据。

● **有损压缩**。采用有损压缩会丢弃一些人眼和人耳所不敏感的图像和音频信息，而且丢失的这些信息不能恢复，压缩的文件会变得更小。

1.2.7 常见视频格式

在视频的编辑与制作中，制作人员可能会使用到各种格式的文件。因此有必要了解一些常见的视频格式，便于更好地进行文件的存储与输出操作。

● **MP4格式**。MP4格式是一种标准的数字多媒体容器格式，文件的扩展名为".mp4"。该格式用于存储数字音频及数字视频，也可以存储字幕和静态图像。

● **AVI格式**。AVI格式是一种音频和视频交错的视频格式，文件的扩展名为".avi"。该格式将音频和视频数据包含在一个文件容器中，并允许音频、视频同步回放，常用于保存电视剧、电影等各种影像信息。

● **MPEG格式**。MPEG格式是包含MPEG-1、MPEG-2和MPEG-4在内的多种视频格式的统一标准，文件的扩展名为".mpeg"。其中，MPEG-1和MPEG-2属于早期使用的第一代数据压缩编码技术，MPEG-4则是基于第二代数据压缩编码技术制定的国际标准，以视听媒体对象为基本单元，采用基于内容的压缩编码，来实现数字视音频、图形合成应用，以及交互式多媒体的集成。

● **WMV格式**。WMV格式是Microsoft公司开发的，文件的扩展名为".wmv"。该格式是一种视频压缩格式，可以将视频文件大小压缩至原来的二分之一。

● **MOV格式**。MOV格式是Apple公司开发的QuickTime播放器生成的视频格式，文件的扩展名为".mov"。该格式支持25位彩色，具有领先的集成压缩技术，提供150多种视频效果。

● **FLV格式**。FLV格式是一种网络视频格式，文件的扩展名为".flv"，主要用作流媒体格式，可以有效解决视频文件导入Flash后，再导出的SWF文件过大，导致文件无法在网络中使用的问题。FLV格式具有文件极小，加载速度极快，方便在网络上传播的优点。

● **MKV格式**。MKV格式是一种多媒体封装格式，文件的扩展名为".mkv"，这种封装格式可以将多种不同编码的视频、不同格式的音频和不同语言的字幕封装到一个文件内。

1.3　视频制作技巧

在视频制作之前，不仅需要熟悉不同景别和镜头的特点，还需要了解视频剪辑的常用思路，掌握好这些技巧，并将其灵活运用到实际创作中，可以有效提升视频编辑与制作的能力。

1.3.1　景别的运用

景别是指由于摄像设备与被摄对象的距离不同，而造成被摄对象在视频画面中所呈现出的范围大小的区别。按照被摄对象在视频画面中所占比例的大小，可以将景别分为远景、全景、中景、近景和特写5种类型。如果被摄对象是人，则以视频画面中显示人体部位的多少为标准，如图1-10所示。

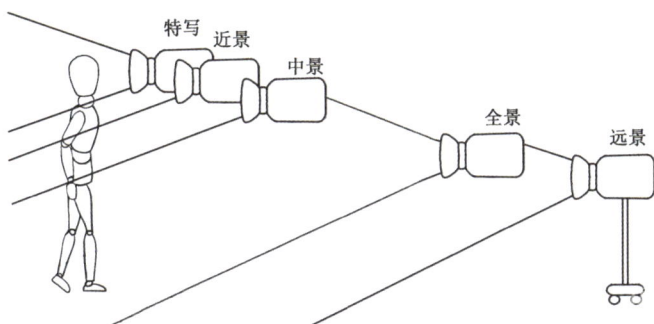

图1-10　被摄对象是人时的5种景别类型

在视频制作时，可通过调整视频画面的大小来改变景别，从而利用不同景别的特点，有效增强视频的叙事能力，精准地引导受众视线，促进故事情节的发展，以及提升视频的专业度和感染力。

1. 远景

远景用于表现视频画面的环境全貌，以及整个人物及其周围广阔的空间环境、自然景色和人群活动大场面的画面，如图1-11所示。远景的视野非常宽广，背景作为主要对象，画面着重展现整体效果，在视频编辑和制作中常用于交代环境背景，或作为转场过渡画面。

图1-11　远景

远景可被分为大远景和远景（狭义）。大远景通常展示遥远的风景，人物在其中非常渺小或不出现，常用于表现宏大、深远的叙事背景，或交代事件发生或人物活动的环境。远景（狭义）相较大远景，人物在视频画面中会更加明显，但仍处于较远的位置，同时视频画面中的环境仍然占比较大的比例，常用于表现大规模的人物活动。

2. 全景

全景用于表现场景的全貌或人物的全身（包括体型、衣着打扮等），可以交代与说明一个相对窄小的活动场景里人与人之间、人与周围环境之间的关系，如图1-12所示。

图1-12　全景

3. 中景

中景用于表现人物的上身动作（视频画面的下边缘位于人物膝盖左右部位）或局部场景，环境通常处于次要地位，如图1-13所示。中景能细致地推动情节发展、表达人物情绪和营造氛围，具备较强的叙事功能。视频中表现人物的身份、动作及动作的目的，以及多人之间人物关系的镜头，甚至包含了对话、动作和交流的场景都可以采用中景。

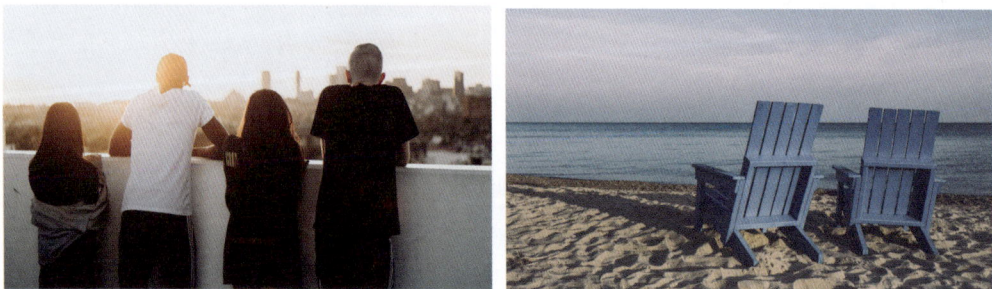

图1-13　中景

4. 近景

近景用于表现人物胸部以上的视频画面或场景中的特定元素，如图1-14所示。由于近景的视频画面中人物和特定元素的尺寸足够大，细节比较清晰，所以近景有利于表现人物面部的表情或上身的细微动作，适合用于传达人物的内心世界和刻画人物性格。

图1-14　近景

5. 特写

特写用于表现视频画面中人物或特定元素的一个非常小的区域，如人物眼睛、嘴巴或物体局部细节，如图1-15所示。由于特写的视频画面在所有景别中视角最小，人物或物体的局部将充满整个画面，所以特写能够更好地表现人物或物体的局部的线条、质感和色彩等特征。在视频中使用特写景别能够起到提示信息、营造悬念、表现人物面部表情的作用，给受众留下深刻的印象。

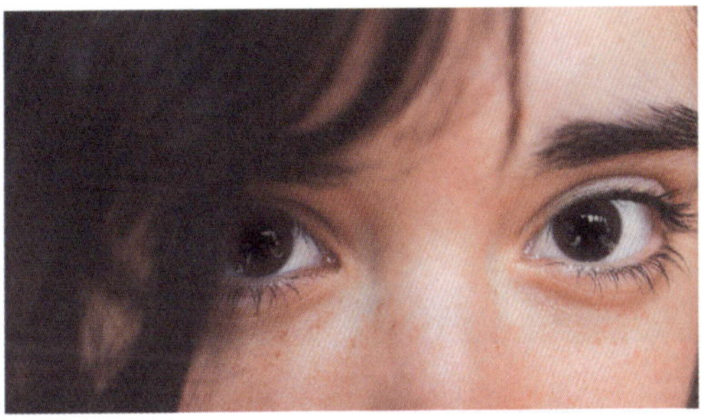

图1-15　特写

操作小贴士

不同的应用场景可选择不同的景别，如展现自然风光时，可选择远景；展示主体与背景的关系时，可选择全景；表现人物情感交流时，可选择中景或近景；需要突出细节或情感表达时，可选择特写。另外，配合突发的音效，快速切换不同景别还能够营造紧张、快节奏的氛围。

1.3.2　镜头的运用

视频实际上由一个个镜头所组成，合理运用不同的镜头，视频可以传达给受众不同的感受，也会产生不同的效果。在视频编辑时，制作人员可以利用位置、缩放等属性的关键帧功能模拟不同的镜头效果。

1. 固定镜头

固定镜头是指在一段时间内，画面框架保持静止，没有明显的位移或缩放变化的一种镜头表现方式，如图1-16所示。固定镜头可以展现现场的环境，引导场景氛围，同时突出画面中运动主体的速度和变化节奏，从而增强视频作品的情感表达和艺术效果。

图1-16　固定镜头

2. 推镜头

推镜头是指画面内容逐渐放大，使画面中的主体逐渐占据更多空间的一种镜头表现方式，如图1-17所示。推镜头可以强调主体，将受众的注意力集中在画面中的某个重要元素上，在描写细节、突出主体、制造悬念等方面非常有用。

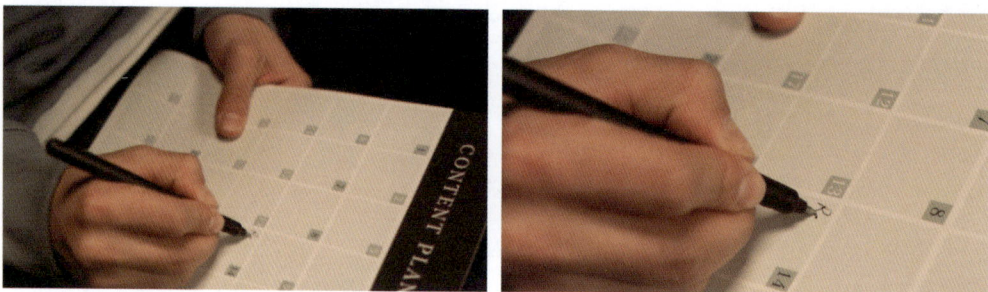

图1-17　推镜头

3. 拉镜头

拉镜头与推镜头相反，是指画面中的主体逐渐变小，背景或环境逐渐占据更多空间的一种镜头表现方式，如图1-18所示。拉镜头可以使画面呈现出由局部到整体的效果，将受众从特定的细节中拉回到更广阔的场景中，以揭示主体与周围环境的关系，为受众提供更全面的视觉体验。

图1-18　拉镜头

4. 摇镜头

摇镜头是指画面框架在上下、左右或斜向方向上摇摆的一种镜头表现方式，如图1-19所示。摇镜头可以引导受众的视线在画面中的不同区域间转移，从而展现更宽广的场景、突出特定元素或增强画面的动态感，使受众感受到流畅的视觉过渡和丰富的空间变化，为视频增添更多的视觉层次和观赏性。

图1-19　摇镜头

5. 移镜头

移镜头是指画面框架在水平方向上移动的一种镜头表现方式，如图1-20所示。移镜头常用于展现横向场景，如宽广的海面、连绵的群山或复杂的环境等，使受众可以感受到空间的广阔和内容的多样性。

图1-20　移镜头

6. 跟镜头

跟镜头是指保持主体在画面中的相对位置不变，而画面背景根据主体行动轨迹的变化而变化的一种镜头表现方式，如图1-21所示。跟镜头可以连续而详细地表现主体的活动情况，既能突出运动中的主体，又能交代其运动方向、速度及其与环境的关系等，使受众可以更加深入地了解主体的行为和动作，增强代入感和沉浸感。

图1-21　跟镜头

1.3.3　视频剪辑的常用思路

在视频剪辑过程中，通常需要使用不同的剪辑思路来改变视频画面的视角，使视频内容根据制作人员的预设思路展现。

1. 标准剪辑

标准剪辑是指按照时间顺序拼接组合视频素材的剪辑思路。对于没有剧情，只是简单地按照时间顺序拍摄的视频，大多采用标准剪辑思路进行剪辑。

2. 匹配剪辑

匹配剪辑是指利用镜头中的影调、景别、角度、动作、运动方向等要素进行场景转换的剪辑思路。匹配剪辑常用于连接两个视频画面中动作一致的场景，以形成视觉连续感。图1-22所示为某视频中两个相连的画面，前一个画面是一个男生用手遮盖眼睛，接着后一个是动作和景别相似但人物不同的画面，利用这两个镜头之间的视觉相似性进行画面切换，能够让受众忽略由剪辑引起的不连续性。

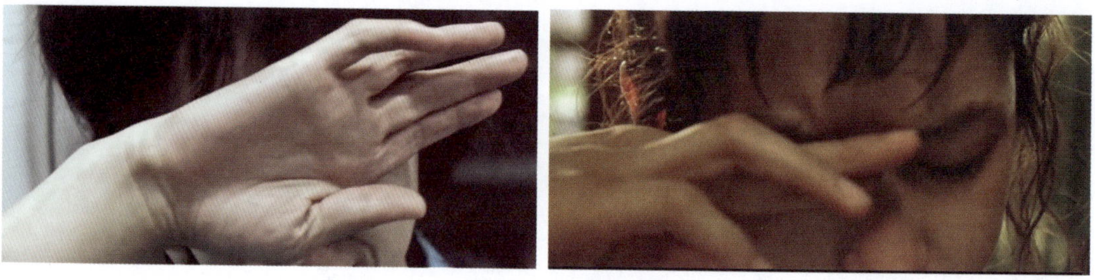

图1-22　匹配剪辑

3. 跳跃剪辑

跳跃剪辑是指剪接同一镜头，使两个视频画面中的场景不变，但其他事物发生变化的剪辑思路。跳跃剪辑通常用来表现时间的流逝，也可以用于关键剧情的视频画面中，通过剪掉中间镜头来模糊时间并突出速度感，以增加画面的急迫感和节奏感，如常见的卡点换装类短视频便常采用跳跃剪辑。

4. J Cut/L Cut

J Cut是一种声音先入的剪辑思路，是指下一个视频画面中的音效在该画面出现前响起，正所谓"未见其人，先闻其声"。在视频制作过程中，J Cut剪辑思路通常不容易被受众发现，但却经常被使用。例如，制作风景类视频，在山间小溪视频画面出现之前，先响起溪流的潺潺流水声，以吸引受众的注意力。

L Cut是指上一个视频画面的音效一直延续到下一个视频画面中的剪辑思路。这种剪辑思路在视频制作中很常用，甚至一些角色间的简单对话场景也会用到。

5. 动作剪辑

动作剪辑是指用两个视频画面连接一个动作的剪辑思路。动作剪辑让视频画面在人物角色或拍摄主体仍运动时进行切换，剪接衔接点（视频中由一个镜头切换到下一个镜头的组接点）

可以根据动作施展方向来选择画面进行剪辑。动作剪辑多用于动作类视频中，能够较自然地展示人物动作的交集画面，从而增强视频内容的故事性和吸引力。

6. 交叉剪辑

交叉剪辑是指在两个不同的场景间来回切换视频画面的剪辑思路。通过频繁地切换视频画面来建立角色之间的交互关系，如影视剧中大多数打电话的镜头都会使用交叉剪辑。在视频剪辑中，使用交叉剪辑能够提升内容的节奏感，制造紧张氛围并引起悬念，从而引导受众的情绪，使其更加关注视频内容。

7. 蒙太奇剪辑

蒙太奇（Montage，法语，是音译词）原本是建筑学术语，意为构成、装配，后来发展成一种电影镜头表现手段。通过蒙太奇剪辑可以将不同的镜头、场景或片段有机地拼接在一起，多个片段在时间和空间上产生联系，从而创造出新的意义、情感和故事。

1.4　视频编辑与特效制作的应用领域

在信息技术飞速发展的浪潮下，视频编辑与特效制作已经深入应用于日常生活中的各个领域，视频创作形式和效果也发生了较大的转变。下面介绍视频编辑与特效制作的几个常见应用领域。

1.4.1　宣传片

宣传片早期主要依赖于文字和简单的图像拼接，形式单一且缺乏吸引力。如今，宣传片逐渐融入了动态图形、音效和3D动画，使内容更加生动、立体，而且还注重视觉冲击力，强调情感共鸣和文化传递，使内容更具观赏性和记忆点。图1-23所示的宣传片《蜀道开·大运来》利用动态形象连接多个场景，在引导受众视线的同时，为画面增添了活力。

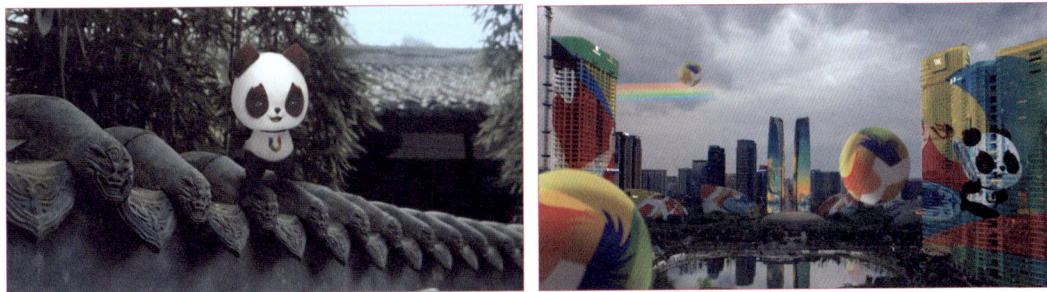

图1-23　宣传片《蜀道开·大运来》

1.4.2　影视包装

影视包装早期主要侧重于简单的片头、片尾设计和字幕排版，整体风格缺乏一致性。如今，影视包装逐渐形成了独特的视觉风格和叙事逻辑，注重整体感、艺术感和创新性，更具吸引力和辨识度。图1-24所示的影视包装利用栏目Logo的动画效果增强视觉表现力，同时画面中的其他元素也采用Logo中的色彩，使视频整体风格更具一致性。

图1-24　综艺栏目《说走就走之带你去旅行》的影视包装

1.4.3　影视特效

影视特效早期依赖于模型和物理特效，制作周期长且效果有限。随着计算机技术的发展，数字特效逐渐成为主流，它使复杂的特效场景得以轻松实现。影视特效不仅追求真实感，还注重创意和想象力，为视频注入了无限可能。图1-25所示的电影《哪吒之魔童降世》的影视特效中，烟雾、火焰等细节的处理十分到位，为视频画面增添了强烈的视觉冲击力。

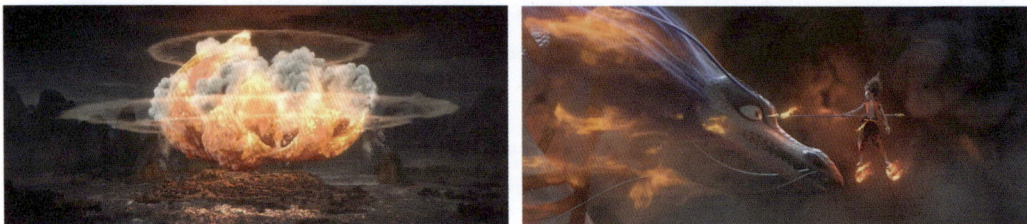

图1-25　电影《哪吒之魔童降世》的影视特效

1.4.4　视频广告

视频广告注重故事性、情感性和互动性，更具表现力和感染力。视频广告通过精心设计的剪辑和特效，吸引受众的注意力并传递广告信息。图1-26所示的视频广告巧妙地融入番茄酱的新鲜原料和使用过程，提升受众对该产品的信任度。

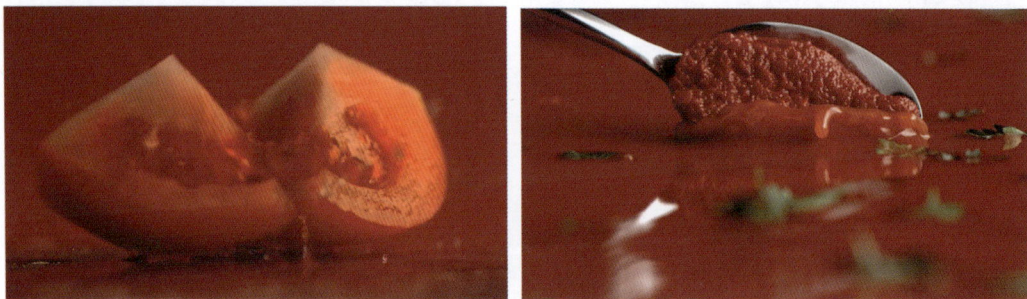

图1-26　某品牌番茄酱的视频广告

1.4.5　自媒体短视频

随着移动互联网的普及，自媒体短视频迅速崛起，并呈现多样化和专业化的趋势。自媒体短视频通常注重创意、个性化和互动性，其内容丰富多彩、引人入胜。图1-27所示的自媒体短视频展示了猫咪的可爱形象，凸显了店铺的特色，以吸引更多受众前来体验。

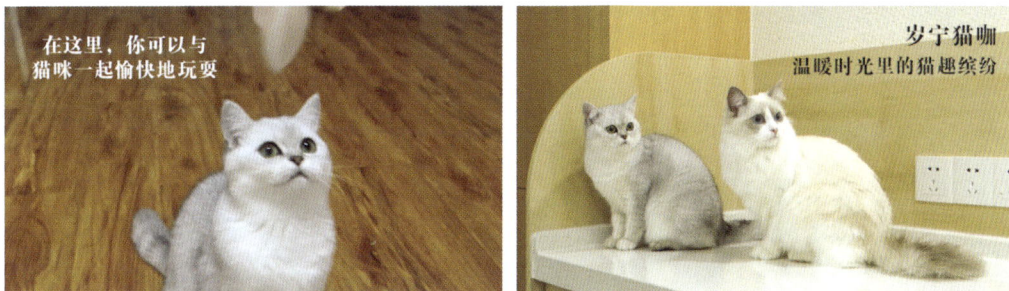

图1-27　某猫咖店发布的自媒体短视频

1.4.6　电商视频

电商视频是电商展示商品的重要手段，注重直观性、真实性和互动性，以让消费者更直观地了解商品，提高其购买欲望和信任度为目的。图1-28所示的电商视频通过从产地介绍到剥开后的特写来展示玉米，同时搭配字幕进行补充说明，让消费者能够直观地感受到玉米的卖点。

图1-28　某农产品店铺的玉米视频

1.5　课后练习

1. 填空题

（1）视频的基本元素主要包含_____、_____和_____。

（2）视频编辑与特效制作的工作流程主要可分为_____、收集和整理素材、_____、优化视频效果、_____和导出视频。

（3）_____是构成画面的最小单位，而分辨率是画面在横向和纵向上包含的_____数量。

（4）_____用于表现视频画面中人物或物体的一个非常小的区域，如人物眼睛、嘴巴或物体局部细节。

（5）_____是指画面框架在水平方向上移动的一种镜头表现方式。

2. 选择题

（1）【单选】帧速率为24帧/秒时，帧数的取值范围为（　　　）。

A. 0～23　　　　　　B. 0～24　　　　　　C. 1～24　　　　　　D. 1～25

（2）【单选】（　　）主要用于标识整段视频或特定部分的开始。

A. 说明性字幕　　　　B. 对话字幕　　　　C. 标题字幕　　　　D. 补充字幕

（3）【多选】视频扫描方式主要有（　　　）。

A. 隔行扫描　　　　　B. 逐帧扫描　　　　C. 逐行扫描　　　　D. 直接扫描

（4）【多选】视频剪辑的常用思路有（　　　）。

A. 匹配剪辑　　　　　B. 跳跃剪辑　　　　C. 蒙太奇剪辑　　　D. 动作剪辑

（5）【多选】常见视频格式有（　　　）。

A. MP4格式　　　　　B. AI格式　　　　　C. MOV格式　　　　D. MKV格式

3. 画面分析题

（1）分别写出下图的视频画面所对应的景别。

（　　　　　　）　　　　　　　　　　（　　　　　　）

（2）写出下图的视频画面所使用的镜头。

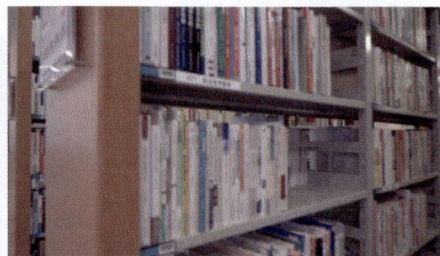

（　　　　　　）

第 2 章

Premiere 基础知识

随着视频技术的不断发展，与其相关的编辑软件也层出不穷，这些编辑软件可以充分满足视频编辑与特效制作的各种需求。在众多软件中，Premiere 作为一款专业的视频编辑软件，无论是专业的视频编辑与特效制作人员，还是业余的视频编辑爱好者，都可以通过它充分发挥创意力和视觉想象力。

学习目标

▶ 知识目标

◎ 熟悉 Premiere 的工作界面。
◎ 熟悉 Premiere 中的常用面板。

▶ 技能目标

◎ 掌握 Premiere 的基本操作。
◎ 掌握使用 Premiere 进行视频编辑与特效制作的进阶操作。

▶ 素养目标

◎ 培养不断探索和钻研的精神。
◎ 养成关注行业动态和媒体技术发展的习惯。

学习引导

STEP 1　相关知识学习　　　　　　　　建议学时：＿＿3＿＿学时

课前预习
1. 扫码了解非线性编辑软件和Premiere，对非线性编辑软件有初步的认识
2. 下载并安装Premiere，尝试进行一些简单的操作

课前预习

课堂讲解
1. Premiere工作界面
2. Premiere常用面板
3. Premiere基本操作

重点难点
1. 学习重点：新建项目与序列、导入并分类管理素材、渲染与导出视频、打包工程文件
2. 学习难点：添加素材至轨道、剪辑素材、调整序列、调整画面色彩、应用视频效果、添加并调整音频和字幕

STEP 2　技能巩固与提升　　　　　　　建议学时：＿＿1＿＿学时

课后练习
通过填空题、选择题巩固Premiere基础知识，通过操作题提升对Premiere的操作能力

2.1　认识Premiere

　　作为一款非线性编辑软件，Premiere允许制作人员以非线性、非顺序的方式，编辑与处理视频、音频和图像等不同种类的素材，打破了传统线性编辑的束缚，具有更高的灵活性。随着技术的不断进步，Premiere也在不断更迭，其便于操作的界面和强大的功能，受到了众多视频编辑爱好者的喜爱。

2.1.1　熟悉Premiere工作界面

　　安装好Premiere后，双击 Pr 图标打开Premiere。在其中创建项目后，将自动打开图2-1所示的"编辑"界面，即Premiere工作界面（本书以Premiere Pro 2024为例进行讲解），该界面主要由菜单栏、界面切换栏、快捷按钮组和工作区组成。

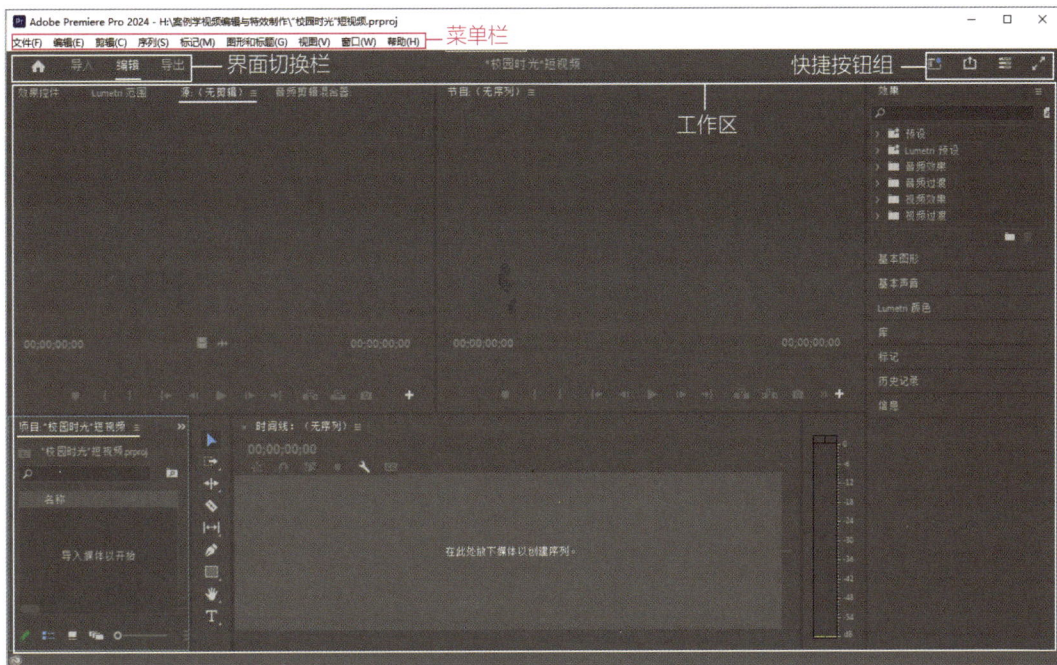

图2-1　Premiere工作界面

1. 菜单栏

菜单栏中包括Premiere中的所有菜单命令，选择需要的菜单项，便可在弹出的下拉菜单中选择需要执行的命令。

- **"文件"菜单**：用于新建文件，以及执行打开、关闭、保存、导入、导出项目等操作。
- **"编辑"菜单**：用于执行一些基本的文件操作，如撤销、重做、剪切、查找等。
- **"剪辑"菜单**：用于执行剪辑视频、替换素材等操作。
- **"序列"菜单**：用于执行设置序列、制作子序列、自动重构序列等操作。
- **"标记"菜单**：用于执行标记入点、标记出点、标记剪辑等操作。
- **"图形和标题"菜单**：用于执行从Adobe Fonts中添加字体、安装动态图形模板、新建图层等操作。
- **"视图"菜单**：用于执行显示标尺和参考线，锁定、添加和清除参考线等操作。
- **"窗口"菜单**：用于显示和隐藏Premiere工作界面中的各个面板。
- **"帮助"菜单**：用于快速访问Premiere帮助手册和相关教程，以了解Premiere的相关法律声明和系统信息。

2. 界面切换栏

在界面切换栏中，单击"主页"按钮 可切换到Premiere的主页界面，该界面用于新建项目或打开项目；单击"导入"选项卡，可切换到用于导入素材的界面；单击"编辑"选项卡，可切换到"编辑"界面；单击"导出"选项卡，可切换到用于导出项目文件的界面。

3. 快捷按钮组

单击快捷按钮组中的"工作区"按钮 ▣，可在弹出的下拉菜单中选择不同类型的工作区并切换工作区，或调整工作区的相关设置等；单击"快速导出"按钮 ▯，可在弹出的面板中选择某种预设以快速导出媒体文件；单击"打开进度仪表盘"按钮 ▤，可在弹出的面板中查看后台进程；单击"全屏视频"按钮 ▦，可将视频画面放大至全屏，便于观看。

4. 工作区

工作区是视频编辑与特效制作的主要区域，由多个具有不同作用的面板组成。制作人员在工作区中操作时，若对其中部分面板的大小和位置，或对工作界面的亮度和色彩不太满意，可以自行调整。

（1）调整面板大小

在Premiere中，每个面板的大小并不固定，若是需要改变某个面板的大小，可将鼠标指针放置于与其他面板相邻的分隔线处，当鼠标指针变为 ▦ 或 ▦ 形状时，按住鼠标左键不放，将分隔线拖曳到合适位置后，释放鼠标左键，如图2-2所示。

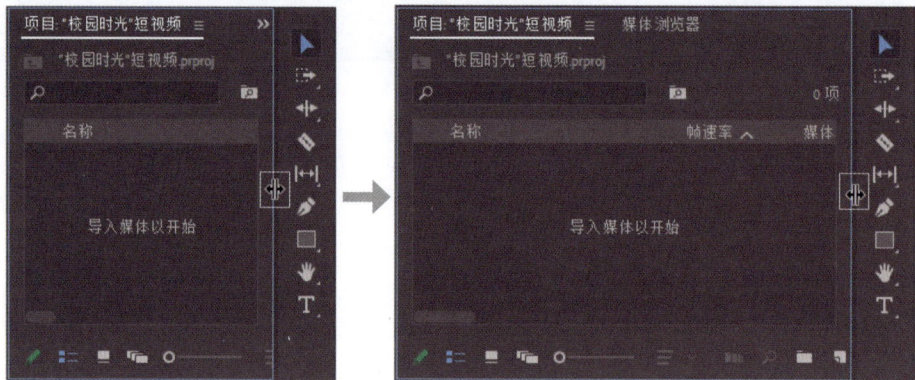

图2-2　调整面板大小

（2）组合与拆分面板组

在Premiere中，两个及两个以上的面板组合在一起可形成面板组，而将面板组中的某个面板拖曳到其他面板中可拆分面板组。具体操作方法为：单击想要组合或拆分的面板，按住鼠标左键不放，将其拖曳到目标面板的顶部、底部、左侧或右侧，在目标面板中出现暗色后释放鼠标左键。

（3）创建浮动面板

在Premiere中，将面板设置为浮动状态，可使其变为独立的面板浮动在工作界面上方，并保持置顶效果。具体操作方法为：单击面板上方的按钮 ▤，在弹出的下拉菜单中选择"浮动面板"命令，可创建浮动面板，单击该面板右上角的按钮 ▪ 可将其关闭。

（4）调整工作界面的亮度和颜色

Premiere工作界面默认的亮度较暗，可选择【编辑】/【首选项】命令，打开"首选项"对话框，在其中的"外观"选项卡中通过拖曳不同的参数滑块来调整亮度，如图2-3所示。另外，还可在"首选项"对话框的"标签"选项卡中调整标签的颜色，如图2-4所示。

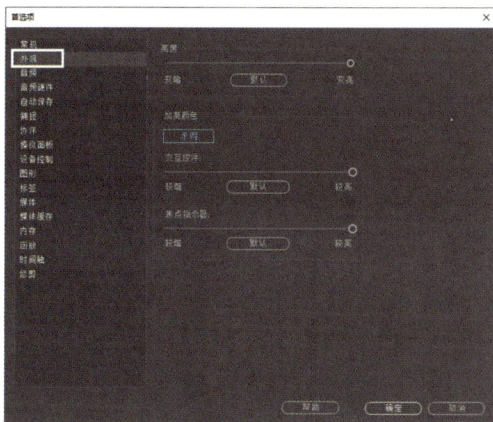

图2-3　调整工作界面的亮度

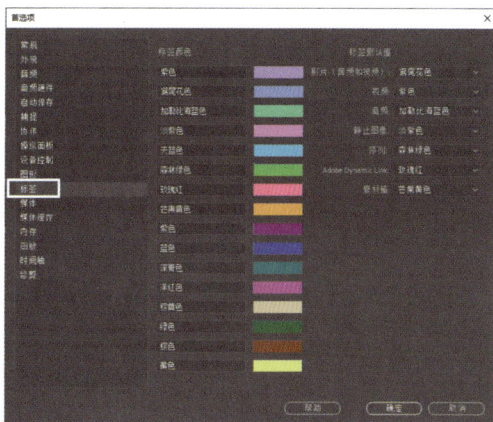

图2-4　调整工作界面中标签的颜色

2.1.2　熟悉Premiere常用面板

在Premiere中制作视频时，通常需要结合多个面板进行操作，以便实现各种功能和效果。掌握Premiere常用面板的相关知识，可在视频编辑与制作时更加游刃有余。

1."项目"面板

"项目"面板（见图2-5）主要用于存放和管理导入的素材（包括视频、音频、图像等），以及在Premiere中创建的序列文件等。其中部分选项介绍如下。

- "项目可写"按钮 。单击该按钮，项目可以在"只读"模式（该模式下不能编辑项目）与"读/写"模式之间切换。

- "列表视图"按钮 。单击该按钮，或按【Ctrl+Page Up】组合键，可以让素材以列表的形式显示，并显示素材的详细信息。

- "图标视图"按钮 。单击该按钮或按【Ctrl+Page Down】组合键，可以让素材以图标的形式显示，并显示素材的缩略图。

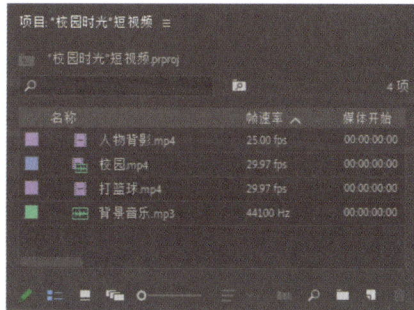

图2-5　"项目"面板

- "自由变换视图"按钮 。单击该按钮，可以自由地调整和排列面板中的素材。

- 调整图标和缩略图的大小滑块 。向左拖曳滑块可缩小面板中图标和缩略图的显示比例；向右拖曳滑块可放大面板中图标和缩略图的显示比例。

- "排序图标"按钮 。单击该按钮，将打开下拉菜单，在其中可选择不同的命令来排序项目图标。

- "自动匹配序列"按钮 。单击该按钮，可在打开的"自动序列化"对话框中将素材自动添加到"时间轴"面板中。

- "查找素材"按钮 。单击该按钮，可在打开的对话框中通过素材的名称、标签、标记或出入点等信息快速查找素材。

- "新建素材箱"按钮 。单击该按钮，可新建一个素材箱文件夹，以便将素材添加到其中进行管理。

- "新建项"按钮█。单击该按钮，可在弹出的下拉菜单中选择相应命令来新建序列文件、脱机文件、调整图层等。
- "清除"按钮█。单击该按钮，可删除选中的素材或序列文件。

2. "工具"面板

"工具"面板主要用于存放Premiere提供的所有工具，如图2-6所示，使用这些工具能够编辑"时间轴"面板中的素材，单击需要的工具可将其激活。在"工具"面板中，有的工具右下角有一个小三角图标█，表示该工具位于工具组中，其中还隐藏了其他工具，在该工具上按住鼠标左键不放，可显示工具组中隐藏的工具。

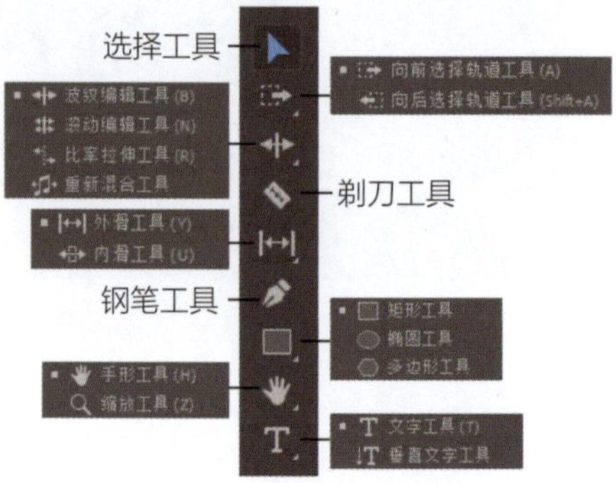

图2-6 "工具"面板

3. "源"面板

"源"面板主要用于查看素材的原始效果。在"项目"面板中双击素材，即可在"源"面板中显示该素材，如图2-7所示。

"源"面板的工具栏中各个按钮的作用介绍如下。

- "添加标记"按钮█。单击该按钮，可根据当前播放指示器所在位置在"源"面板中添加一个没有编号的标记。

- "标记入点"按钮█。单击该按钮，当前播放指示器所在位置将被设置为入点。

图2-7 "源"面板

- "标记出点"按钮█。单击该按钮，当前播放指示器所在位置将被设置为出点。
- "转到入点"按钮█。单击该按钮，可快速跳转到入点位置。
- "后退一帧"按钮█。单击该按钮，可跳转到上一帧位置。
- "播放-停止切换"按钮█。单击该按钮，或按【Space】键，可预览素材效果。
- "转到出点"按钮█。单击该按钮，可快速跳转到出点位置。
- "前进一帧"按钮█。单击该按钮，可跳转到下一帧位置。
- "插入"按钮█。单击该按钮，可将正在查看的素材插入当前播放指示器位置。
- "覆盖"按钮█。单击该按钮，可将正在查看的素材覆盖到当前播放指示器位置。
- "导出帧"按钮█。单击该按钮，可导出当前"源"面板中的画面内容。

4. "节目"面板

"节目"面板主要用于预览"时间轴"面板中当前播放指示器所指的帧的效果，也是最终视频输出效果的预览面板。在该面板中可以设置序列标记，并指定序列的入点和出点，还可通过单击"比较视图"按钮█来对比素材中的两个画面。该面板的工具栏中各个按钮的作用与"源"面板类似，此处不赘述。

5. "时间轴"面板

使用Premiere编辑素材的大部分操作都在"时间轴"面板中进行，在该面板中可以轻松地实现素材的剪辑、插入、复制与粘贴等操作。图2-8所示为"时间轴"面板，其中部分选项介绍如下。

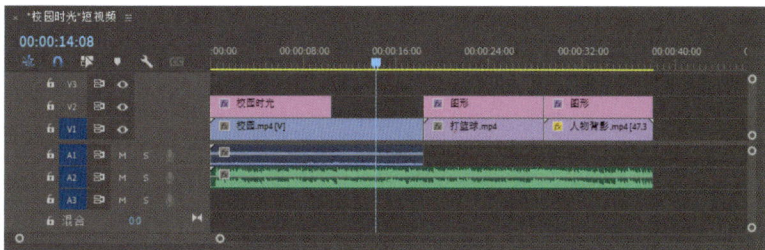

图2-8　"时间轴"面板

● **节目标签**。节目标签用于显示当前正在编辑的序列，如果项目中有多个序列，则可单击节目标签切换序列。

● **时间码**。时间码用于显示当前播放指示器所指的帧。

● **时间显示**。时间显示用于显示当前素材在时间轴上的位置，在时间显示上单击鼠标右键，在弹出的快捷菜单中可选择时间的显示方式。

● **播放指示器**。拖曳播放指示器可调整时间码。按住【Shift】键拖曳播放指示器，它将自动吸附到邻近的素材边缘（需保证"在时间轴中对齐"按钮为选中状态）。按【←】键可将播放指示器移至当前帧的上一帧，按【→】键可移至当前帧的下一帧，按【Home】键可移至时间轴上的第一帧，按【End】键可移至时间轴上的最后一帧。

● **视频轨道**。视频轨道是用于编辑视频的轨道，默认有3个（V1、V2、V3）。

● **音频轨道**。音频轨道是用于编辑音频的轨道，默认有4个（A1、A2、A3和混合）。

● **"将序列作为嵌套或个别剪辑插入并覆盖"按钮**。该按钮默认为选中状态，表示可将序列作为一个整体的素材插入另一个序列中，且显示为绿色；若该按钮呈未选中状态，则表示可将序列中的多个素材依次插入另一个序列中，多个素材独立存在。

● **"在时间轴中对齐"按钮**。该按钮默认为选中状态，表示启动了吸附功能，如果在"时间轴"面板中拖曳素材，则素材会自动吸附到邻近的素材边缘处。

● **"链接选择项"按钮**。该按钮默认为选中状态，表示添加到"时间轴"面板中的素材的视频和音频将自动链接。

● **"添加标记"按钮**。单击该按钮，将在当前帧处添加一个标记。

● **"时间轴显示设置"按钮**。单击该按钮，在弹出的下拉菜单中可选择在"时间轴"面板中显示的内容，如视频缩略图、视频关键帧、视频名称等。

● **"字幕轨道选项"按钮**。单击该按钮，在弹出的下拉菜单中可选择字幕轨道的显示内容。

● **"切换轨道锁定"按钮**。该按钮默认为未选中状态，单击后变为选中状态，表示轨道被锁定，不能进行编辑。

- **"切换同步锁定"按钮**。单击该按钮，可锁定时间轴上多个轨道的素材，使其保持同步。
- **"切换轨道输出"按钮**。在视频轨道中单击对应轨道前的该按钮，使其变为 ，表示在"节目"面板中将不显示该轨道中的内容。
- **"静音轨道"按钮M**。单击该按钮，相应的音频轨道将会静音。
- **"独奏轨道"按钮S**。单击该按钮，可以只播放当前的音频轨道，静音其他轨道。
- **"画外音录制"按钮**。单击该按钮，可以录制声音。

6. "效果控件"面板

"效果控件"面板主要用于控制素材的运动、不透明度和时间重映射，如图2-9所示，其中部分选项介绍如下。另外，为素材添加效果后，可在"效果控件"面板中设置该效果的相关参数。

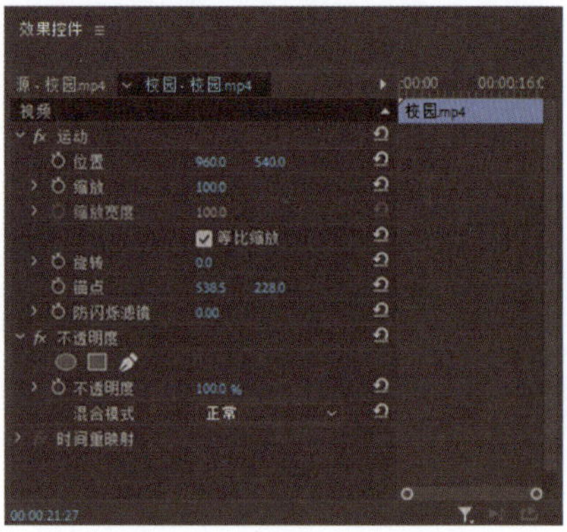

- **运动**。运动用于定位、缩放、旋转素材，以及调整素材的防闪烁滤镜等。
- **不透明度**。不透明度用于调整素材的不透明度，可设置混合模式，如叠加、淡化和溶解等。
- **时间重映射**。时间重映射用于减速、加速、倒放素材的任何部分。
- **"显示/隐藏视频效果"按钮**。默认状态下显示所有视频效果，单击该按钮将隐藏视频效果。

图2-9 "效果控件"面板

- **"显示/隐藏时间轴视图"按钮**。单击该按钮，可显示或隐藏"效果控件"面板右侧的时间轴视图。
- **"切换效果开关"按钮fx**。当该按钮显示为状态fx时，表示该效果可用；当该按钮显示为状态时，表示该效果不可用。
- **"切换动画"按钮**。单击该按钮，可激活关键帧；当按钮变为状态时，表示激活成功；再次单击该按钮可删除所有关键帧。
- **"重置"按钮**。单击该按钮，可取消对其所在栏进行的操作。

7. "历史记录"面板

"历史记录"面板主要用于记录制作人员在Premiere中进行的所有操作。当错误操作时，可在该面板中单击错误操作前的历史记录，或按【Ctrl+Z】组合键撤销操作。

图2-10所示为"历史记录"面板，若只需删除某一个历史记录，可单击该历史记录，再单击"删除可重做的操作"按钮，或直接按【Delete】键。需要注意的是，若是在"历史记录"面板中撤销某个操作后继续编辑视频，那么所选历史记录之后的所有操作都将从整个项目中移除。

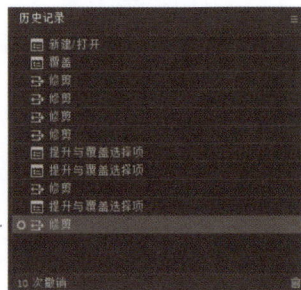

图2-10 "历史记录"面板

2.2 新建项目与管理素材

在Premiere中，项目文件类似一个容器，包含从视频编辑与特效制作开始到结束所需要的所有元素和设置。因此，新建项目是视频编辑与特效制作的第一步，而素材的管理则贯穿整个编辑过程。

2.2.1 新建项目

启动Premiere，单击 新建项目 按钮，或选择【文件】/【新建】/【项目】命令，或按【Ctrl+Alt+N】组合键，打开"导入"界面，如图2-11所示，在其中完成相关设置后，单击 创建 按钮即可新建项目并进入"编辑"界面。

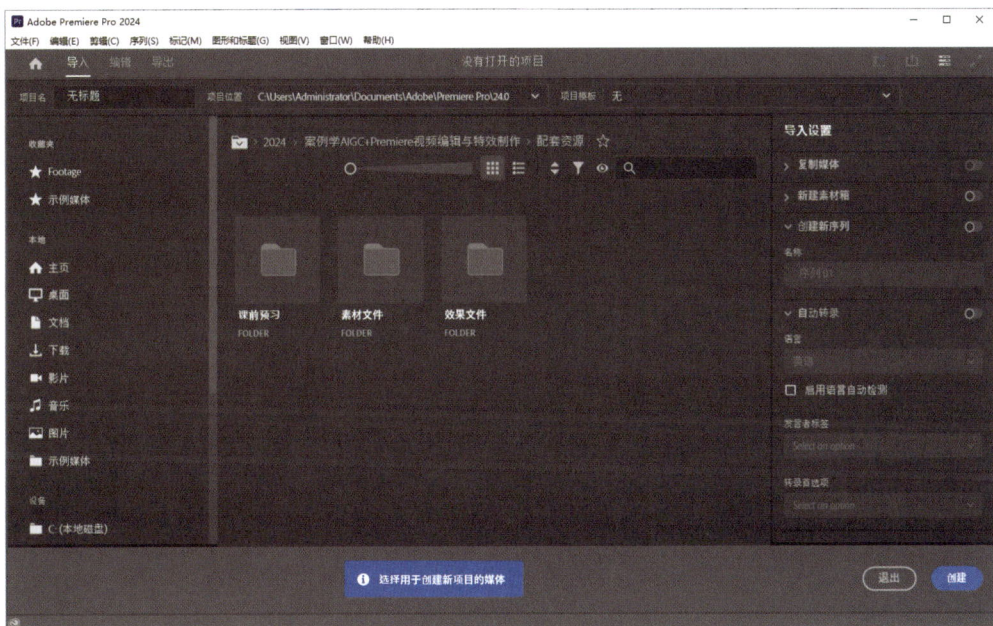

图2-11　"导入"界面

1. 项目名和项目位置

"项目名"文本框用于设置项目名。"项目位置"下拉列表框用于设置项目的存储位置。

2. 素材选择区

在Premiere中，用于创建项目的媒体即为素材。在素材选择区左侧可选择本地磁盘或文件夹，然后在右侧双击并进入素材所在文件夹，单击素材，选中的素材将在界面最下方进行展示，便于制作人员查看。

3. "导入设置"面板

"导入设置"面板中包含4个功能栏，单击功能栏右侧的按钮 ，使其呈选中状态 ，即可开启相应功能，然后进行相关设置。

● **复制媒体**。开启该功能，可复制所选素材到项目文件所在的文件夹中，以避免原素材文件丢失。

- **新建素材箱**。开启该功能，可新建一个素材箱，并将所选素材添加到其中。
- **创建新序列**。开启该功能，可基于所选素材创建一个序列。
- **自动转录**。开启该功能，可在后台将所选素材中的语音对话转录为文本。

> **操作小贴士**
>
> 　　在Adobe Premiere Pro 2024中，有关项目文件的详细设置参数不会出现在"导入"界面，若需要修改项目文件的详细设置，可选择【文件】/【项目设置】命令，在弹出的下拉菜单中选择相应的命令，然后在打开的对话框中进行修改。

2.2.2　导入素材并分类管理

　　新建项目后，若需要导入外部素材，除了可以返回"导入"界面选择素材外，还可以直接在"编辑"界面中导入素材。具体操作方法为：选择【文件】/【导入】命令；或在"项目"面板的空白区域双击；或在"项目"面板的空白区域单击鼠标右键，在弹出的快捷菜单中选择"导入"命令；或直接按【Ctrl+I】组合键，都可打开"导入"对话框，在其中选择需要导入的一个或多个素材文件后，单击 打开(O) 按钮，可在"项目"面板中查看导入的素材，如图2-12所示。

图2-12　导入素材

　　当"项目"面板中的素材过多时，可以分类管理素材，以便制作时更好地调用素材。具体操作方法为：单击"项目"面板中的"新建素材箱"按钮 ，设置好素材箱名称后，将需要分类管理的素材拖曳到素材箱中，如图2-13所示。

图2-13　分类管理素材

2.2.3　替换素材

在视频编辑与特效制作过程中，若是素材不符合制作需求，便需要将其替换为新的素材，具体操作方法为：在"项目"面板中选择需替换的原素材，单击鼠标右键，在弹出的快捷菜单中选择"替换素材"命令，然后在打开的对话框中选择新的素材，再单击 选择 按钮完成替换，与此同时，所有应用原素材的内容都会同步进行替换。

2.2.4　链接脱机素材

若"项目"面板中素材的存储位置发生了改变，素材的源文件名称被修改或源文件被删除，就会导致素材丢失，同时会打开"链接媒体"对话框，如图2-14所示。此时可单击 查找 按钮，在打开的对话框中重新链接对应的素材。

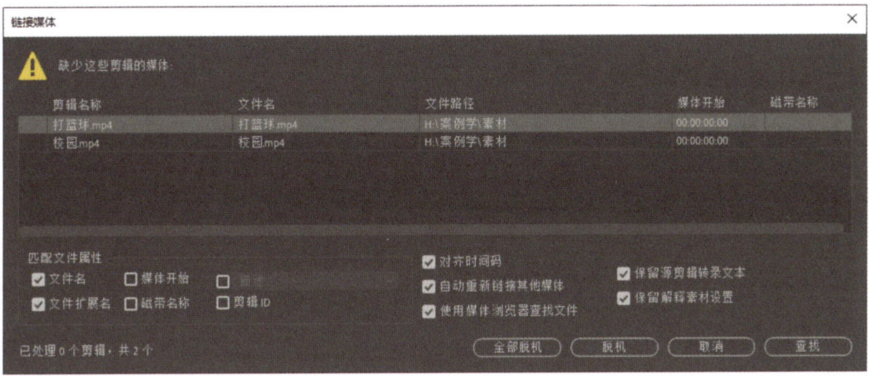

图2-14　"链接媒体"对话框

2.3　剪辑视频

视频素材中可能会有一些冗余或存在瑕疵的镜头，此时可通过剪辑操作将其去除，使视频更加精练和简洁。另外，通过对不同素材的精确分割、拼接和重组，可以形成连贯的故事线，增强视频的观赏性和感染力，引导受众的注意力和情绪。

2.3.1　新建序列

序列是视频编辑的基础，Premiere中的大部分编辑工作都需要通过序列来完成。因此，新建序列是非常关键的操作，主要有以下两种方式。

1. 新建空白序列

在"项目"面板右下角单击"新建项"按钮 ，在弹出的下拉菜单中选择"序列"命令；或选择【文件】/【新建】/【序列】命令（快捷键为【Ctrl+N】组合键），都能打开"新建序列"对话框，其中的"设置"选项卡如图2-15所示。设置完参数后，单击 确定 按钮，便可新建一个空白序列。

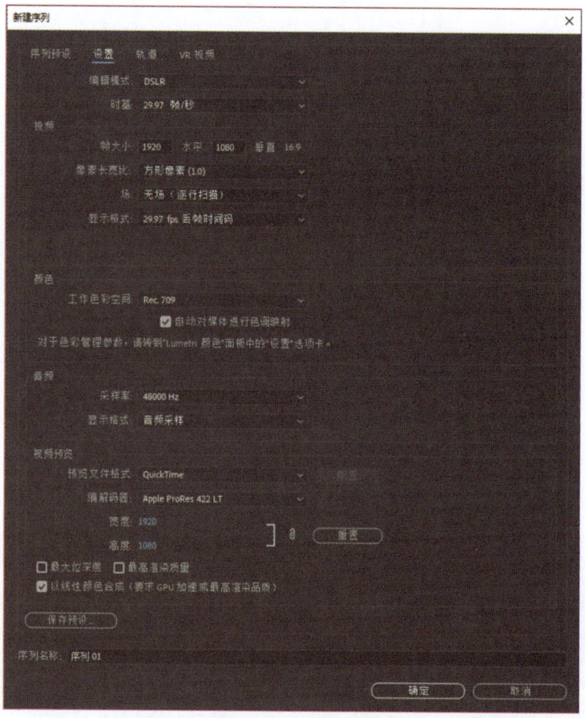

图2-15　"新建序列"对话框"设置"选项卡

"新建序列"对话框"设置"选项卡中较为常用的参数介绍如下。

● **编辑模式**。编辑模式用于设置预览文件的视频格式，由"序列预设"选项卡中所选的预设决定。

● **时基**。时基就是时间基准，用于决定Premiere的视频帧数，帧数越多，视频在Premiere中的渲染效果越好。在大多数项目中，时基的设置应该匹配视频素材的帧速率。另外，时基不仅决定了"显示格式"中的可用选项，也决定了"时间轴"面板中标尺和标记的位置。

● **帧大小**。帧大小可用于设置指定播放序列时帧的尺寸（以像素为单位）。第一个数值框中的数值代表画面的宽度，第二个数值框中的数值代表画面的高度。大多数情况下，项目的帧大小与源文件的帧大小保持一致。

● **像素长宽比**。像素长宽比用于设置像素长度和宽度的比例。

● **场**。场用于设置指定帧的场序，包括"无场（逐行扫描）""高场优先""低场优先"3个选项。

● **显示格式**。显示格式用于设置时间码格式。对"显示格式"进行更改并不会改变序列的帧速率，只会改变其时间码的显示方式。

● **工作色彩空间**。工作色彩空间用于设置视频的颜色范围。

● **保存预设按钮**。单击该按钮，打开"保存序列预设"对话框，可在其中进行命名序列、描述序列、保存序列等操作。

● **序列名称**。序列名称用于设置序列的名称。

2. 基于素材新建序列

除了新建空白序列外，也可以直接将"项目"面板中的素材拖曳到"时间轴"面板，或在"项目"面板中选择素材，单击鼠标右键，在弹出的快捷菜单中选择"从剪辑新建序列"命令，基于选择的素材来创建一个与该素材名称相同的序列。

2.3.2 添加素材至轨道

若要处理某个素材，需要先将其添加到轨道中，添加方法主要有以下两种。

● 从"项目"面板中添加。新建序列后，可直接在"项目"面板中选择素材，然后将其拖曳至"时间轴"面板中的相应轨道上。

● 在"源"面板中添加。新建序列后，在"源"面板中打开素材，可通过单击"插入"按钮■或"覆盖"按钮■将素材插入或覆盖到轨道中。另外，拖曳"仅拖动视频"按钮■或"仅拖动音频"按钮■到"时间轴"面板中，可只添加素材的视频或音频部分。

2.3.3 剪辑素材

入点是指素材的起点，而出点是指素材的终点，通过设置入点和出点可以精确地剪辑素材中的特定部分。

● 在"源"面板中剪辑素材。在"源"面板中打开素材后，拖曳播放指示器到指定位置，通过单击"标记入点"按钮■和"标记出点"按钮■标记素材。将素材添加到"时间轴"面板的轨道中时，将只会添加入点到出点之间的片段。

● 在"时间轴"面板中剪辑素材。在"时间轴"面板中将鼠标指针移至素材的入点或出点，当鼠标指针变为■或■形状时，按住鼠标左键不放并向右或向左拖曳，可改变素材的入点或出点，图2-16所示为向左拖曳素材出点。

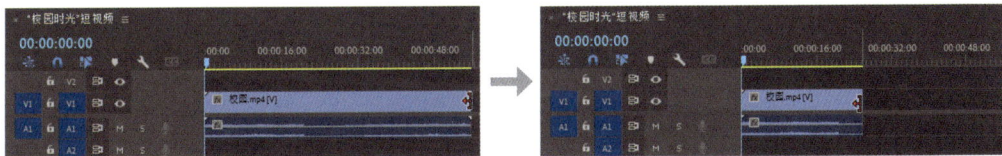

图2-16　在"时间轴"面板中剪辑素材

2.3.4 调整序列

使用序列时，若因为轨道中的素材较多或较为杂乱，导致序列的显示效果不佳，可以通过以下3种方法调整序列。

1. 自动重构序列

在Premiere中调整视频大小（即分辨率）时，如果序列中需要调整的视频素材数量较多，手动调整耗时较长，可以使用"自动重构序列"命令自动调整视频大小。该功能可智能识别视频中的动作，并针对不同的画面长宽比进行调整。

选择需要调整的序列，选择【序列】/【自动重构序列】命令，打开"自动重构序列"对话框，如图2-17所示。在"目标长宽比"下拉列表中选择指定的长宽比（也可以自定义）选项，然后单击 创建 按钮，Premiere将自动生成一个调整好的新序列，并在"时间轴"面板中自动打开，如图2-18所示。

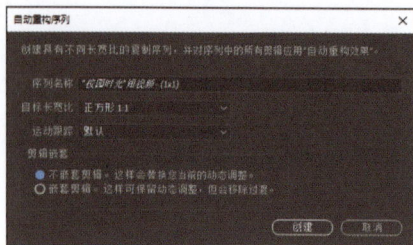

图2-17　"自动重构序列"对话框　　　　图2-18　生成的新序列

2. 简化序列

简化序列操作能够自动删除不需要的轨道、序列上的标记，以及调整素材的位置等，让序列看上去更加简洁、美观。选择需要简化的序列，选择【序列】/【简化序列】命令，打开"简化序列"对话框，如图2-19所示。设置相应操作后单击 简化 按钮，将会新建一个简化后的序列副本。简化序列前后的对比效果如图2-20所示。

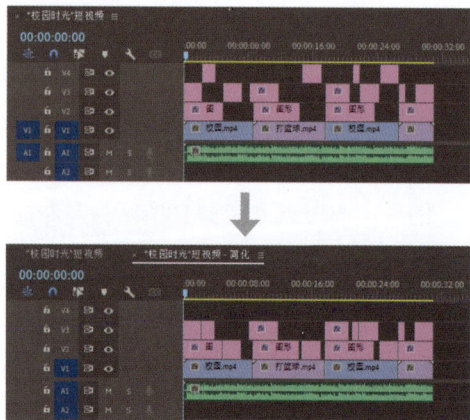

图2-19　"简化序列"对话框　　　　图2-20　简化序列前后的对比效果

3. 嵌套序列

若创建的序列数量较多，可通过嵌套序列操作将多个序列合并为一个序列，使其在"时间轴"面板中仅占用一个轨道。这不仅可以节省轨道数量，还可以统一对嵌套序列中的素材进行裁剪、移动等操作，节省操作时间。

在"时间轴"面板中选择需要嵌套的序列，单击鼠标右键，在弹出的快捷菜单中选择"嵌套"命令，打开"嵌套序列名称"对话框，在其中自定义序列名称，如图2-21所示，单击 确定 按钮，此时，所选序列将合并为一个嵌套序列。图2-22所示为嵌套序列前后的对比效果。

图2-21　"嵌套序列名称"对话框　　　　图2-22　嵌套序列前后的对比效果

2.4　优化视频效果

调整画面色彩可以确保画面色彩平衡，或营造某种氛围，而应用视频效果则能提升视频的动感和观感，增强视觉吸引力。通过这两种方式优化视频效果，视频内容会更加生动和有趣，使受众拥有更好的观看体验。

2.4.1　调整画面色彩

Premiere主要提供了以下两种方法来调整画面色彩，制作人员可根据具体需求进行选择。

- 利用"Lumetri颜色"面板"编辑"选项卡。"Lumetri颜色"面板"编辑"选项卡（见图2-23）主要分为6个栏，每个栏在进行颜色校正时的侧重点均不相同，既可以单独使用，也可以搭配使用。选择素材后，在该选项卡中展开对应的栏，通过调整其中的参数便可调整画面色彩。
- 利用调色效果。Premiere"效果"面板中的"视频效果"文件夹中提供了多种调色效果，它们分布在多个文件夹中，图2-24所示为部分调色效果。在"时间轴"面板中选择素材后双击调色效果，或直接拖曳调色效果到素材上进行应用，然后在"效果控件"面板中展开调色效果对应的栏，修改其中的参数便可调整画面的色彩。

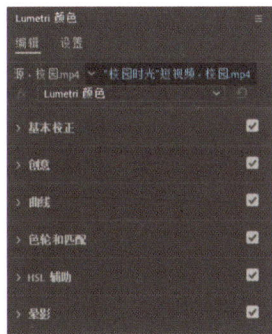

图2-23　"Lumetri颜色"面板
"编辑"选项卡

图2-24　部分调色效果

2.4.2　应用视频效果

Premiere的"效果"面板中提供了多种视频效果和视频过渡效果，可为视频、图像和文本等素材应用不同的效果，以制作出不同的特殊效果。

- **视频效果**。图2-25所示为"视频效果"文件夹，除了调色效果外，还包含各种可以为视频添加的特效，如扭曲、模糊与锐化、风格化等。应用效果后，在"效果控件"面板中展开效果对应的栏，修改其中的参数便可调整画面效果。

- **视频过渡效果**。图2-26所示为"视频过渡"文件夹，其中包含多种视频过渡效果，用于在视频片段之间创建平滑的切换。选择合适的视频过渡效果，将其拖曳到"时间轴"面板中相邻的素材之间即可应用。应用效果后，在"效果控件"面板中还可以控制视频过渡效果的速度和方向等。

图2-25 "视频效果"文件夹   图2-26 "视频过渡"文件夹

2.5 丰富视频内容

音频是视频的重要组成部分，它能够丰富视频内容，增强视频的感染力，营造出特定的氛围。同时，添加字幕也是丰富视频内容的重要手段之一，它不仅能够有效传达信息，使受众更容易理解视频内容，还可以通过具有设计感的字幕来提升观看体验。

2.5.1 添加并调整音频

添加音频到音频轨道后，可以在"效果控件"面板中调整其音量、增幅等，如图2-27所示。另外，还可以利用"效果"面板中的音频效果和音频过渡效果（见图2-28）来优化音频。

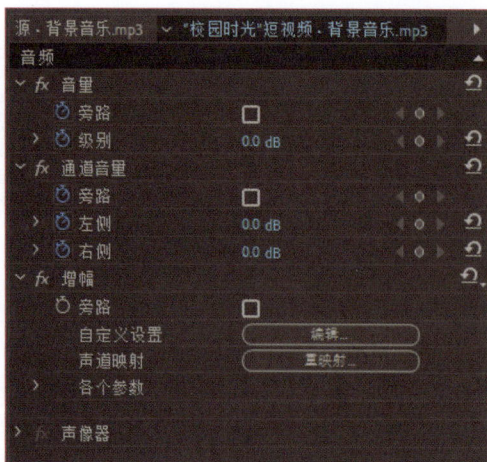

图2-27 在"效果控件"面板中调整音频   图2-28 音频效果和音频过渡效果

2.5.2　添加并调整字幕

　　若要添加标题字幕或内容较少的说明性字幕，可使用文字工具组；若是添加对话字幕或内容较多的说明性字幕，可使用"文本"面板。

● 使用文字工具组。选择"文字工具" **T** 或"垂直文字工具" **IT**，在"节目"面板中单击确定插入点，输入点文本，如图2-29所示，按【Ctrl+Enter】组合键完成输入；在"节目"面板中按住鼠标左键不放并拖曳鼠标指针，创建一个文本框，此时可在其中输入段落文本，如图2-30所示，再按【Ctrl+Enter】组合键完成输入。

图2-29　输入点文本

图2-30　输入段落文本

● 使用"文本"面板。在"文本"面板（见图2-31）中可通过转录文本、创建新字幕轨道和文件导入3种方法输入字幕。

　　添加并单击字幕后，可在"效果控件"面板中设置文本样式，如图2-32所示。也可在"基本图形"面板的"编辑"选项卡中调整文本样式。

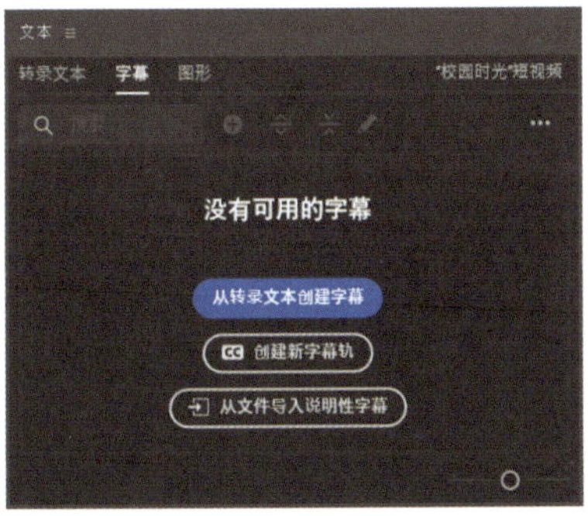

图2-31　"文本"面板

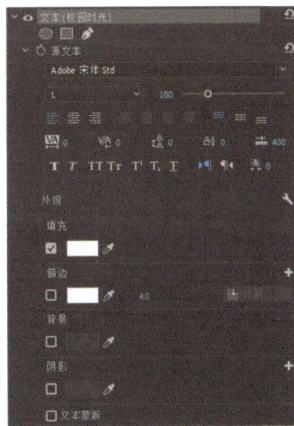

图2-32　在"效果控件"面板中设置文本样式

2.6　输出视频与打包项目

　　输出视频可以将制作好的视频成品转化为可在各种设备上播放的视频文件，方便查看效果，同时也便于传播。而打包项目则是整理制作过程中使用的所有素材、效果，以及相关设置等，以便将来可能需要修改或重新编辑。

2.6.1 渲染与导出视频

渲染视频可以让视频在播放时更加流畅，使制作人员能更好地查看视频效果。然后制作人员可以将渲染后的视频导出为不同格式的视频文件。

1. 渲染视频

在视频轨道与时间显示之间有一个渲染条，如图2-33所示，其中主要有绿色、黄色和红色3种状态。绿色渲染条表示已经渲染的部分，播放时会非常流畅；黄色渲染条表示无须渲染即能以全帧速率实时回放的未渲染部分，播放时会有些卡顿；红色渲染条表示需要渲染才能以全帧速率实时回放的未渲染部分，播放时会非常卡顿。

选择"序列"菜单，可根据具体需要选择不同命令（见图2-34）进行渲染。渲染完成后，在"节目"面板中会自动播放渲染后的视频效果，渲染文件也会自动保存到暂存盘中。

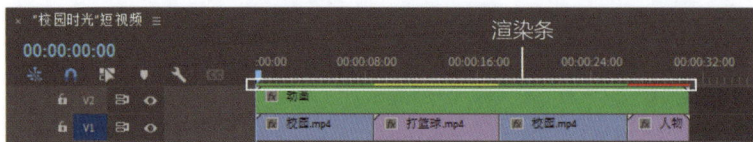

图2-33　渲染条

图2-34　渲染命令

2. 导出视频

选择要导出的序列，按【Ctrl+M】组合键，或单击"导出"选项卡，切换到"导出"界面，如图2-35所示。在其中可以设置导出文件的基本信息，设置完成后单击 导出 按钮，便可开始导出视频。

图2-35　"导出"界面

在"导出"界面中，可分为选择视频目标区、设置区和预览区3个区域，导出的工作流程从左至右依次进行。

（1）选择视频目标区

选择视频目标区中包含两个视频目标选项，其中"媒体文件"选项用于将视频导出到计算机中，"FTP"选项用于将视频上传到FTP站点（FTP英文全称为File Transfer Protocol，意思是文件传送协议，FTP站点则是利用该协议进行传输的网络平台）中。单击这两个选项右侧的按钮█，可使它们呈选中状态█。

（2）设置区

在设置区的上半部分可设置导出文件的文件名、位置、预设和格式等参数，在其下半部分的多个栏中可进行更加详细的设置。

● "视频"栏。在该栏中单击█按钮，可自动将导出设置的参数匹配为源文件设置的参数。若是想单独修改帧大小、帧速率、场序、长宽比等参数，需要先取消勾选相应参数右侧的复选框，以激活对应下拉列表，再进行修改操作。单击█按钮，可展开显示更多设置，如编码设置、比特率设置、高级设置等。

● "音频"栏。在该栏中可设置音频格式、音频编解码器、采样率、声道和比特率等参数。

● "多路复用器"栏。当选择导出H.264、HEVC（H.265）和 MPEG 等格式的文件时，将出现该栏，用于设置视频和音频流多路复用的标准，以及指定要回放媒体的设备类型（仅限H.264）。若在"多路复用器"下拉列表中选择"无"选项，视频和音频流将分别导出为单独的文件。

● "字幕"栏。若要在导出的视频中包含字幕，可在该栏中设置字幕导出的相关选项，具体选项与所添加的字幕样式有关。

● "效果"栏。在该栏中可为导出的文件添加各种效果，如色调映射、Lumetri Look/LUT、SDR遵从情况、图像叠加、文本叠加等。

● "元数据"栏。元数据是指有关媒体文件的一组说明性信息，包含创建日期、文件格式和时间轴标记等，可以作为单独的文件保存，也可以嵌入媒体文件。在该栏中单击█按钮，可打开"元数据导出"对话框，在其中设置相关参数后，单击█████按钮。

● "常规"栏。该栏中的"导入项目中"复选框用于将已导出的文件自动导入Premiere的项目文件中；"使用预览"复选框用于对使用之前为序列生成的预览文件进行导出，而不用再次渲染序列，可以加快导出速度，但可能会影响视频质量；"使用代理"复选框用于对使用之前为序列生成的代理文件进行导出，也不用再次渲染序列，可以提高导出性能。

（3）预览区

在预览区中可预览导出文件的效果，通过"范围"下拉列表框可设置导出范围；通过█████按钮组可设置预览效果的入点和出点，以及控制预览画面；若序列的时长与导出文件的时长不同，可通过"缩放"下拉列表框调整序列的适应方式。

2.6.2 打包工程文件

在编辑与制作视频时，通常会在项目文件中应用不同位置的素材，若后期移动过这些素材的位置，再次打开该项目文件时，可能就会出现缺少素材的情况，因此，在完成视频编辑与制作后，可打包所有与之相关的文件。选择【文件】/【项目管理】命令，打开"项目管理器"对话框，如图2-36所示，在其中设置好参数后，单击 **确定** 按钮完成打包。

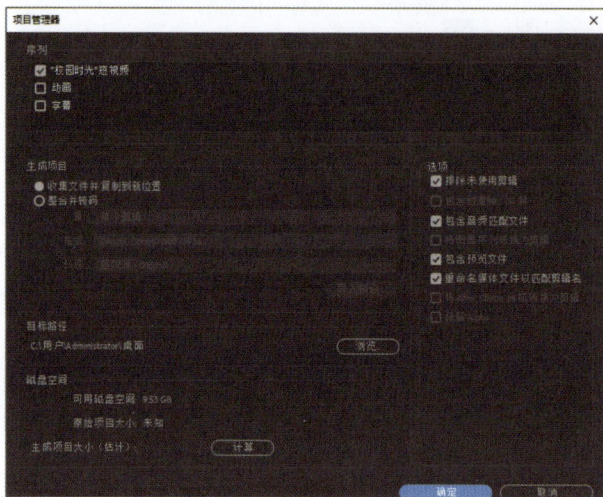

图2-36　"项目管理器"对话框

"项目管理器"对话框的主要组成部分如下。

● **"序列"栏**。在该栏中可选择需要打包的序列。
● **"生成项目"栏**。在该栏中可设置生成项目的方式，其中"收集文件并复制到新位置"单选项用于收集和复制所选序列的素材到单个存储位置；"整合并转码"单选项用于整合在所选序列中使用的素材，并转码到单个编解码器以供存档。在"整合并转码"单选项下方可设置转码格式所取决于的文件，或固定某个格式或预设。
● **"目标路径"栏**。在该栏中可设置打包文件的存储路径。
● **"磁盘空间"栏**。在该栏中可显示存储路径剩余的磁盘空间，以及当前项目文件大小、复制文件或整合文件的估计大小，单击 **计算** 按钮可更新估算值。
● **"选项"栏**。在该栏中可对打包文件做一些详细设置。

2.7　课后练习

1．填空题

（1）＿＿＿＿＿＿面板主要用于存放和管理导入的素材，以及在Premiere中创建的序列文件等。

（2）＿＿＿＿＿＿面板主要用于记录制作人员在Premiere中进行的所有操作。

（3）使用＿＿＿＿＿＿命令可以自动调整视频大小，该功能可智能识别视频中的动作，并针对不同的画面长宽比进行调整。

（4）通过设置_____和_____可以精确地剪辑素材中的特定部分。

（5）添加字幕可以使用_____工具组或_____面板。

2. 选择题

（1）新建项目的快捷键是（　　）组合键。

A.【Ctrl+Alt+N】　　　B.【Ctrl+N】　　　　C.【Alt+N】　　　　D.【Ctrl+Shift+N】

（2）若创建的序列数量较多，可通过（　　）将多个序列合并为一个序列，使其在"时间轴"面板中仅占用一个轨道。

A. 简化序列　　　　　B. 合并序列　　　　C. 嵌套序列　　　　D. 重构序列

（3）在"导出"界面的（　　）中可设置导出文件的文件名、位置、预设和格式等参数。

A. 参数区　　　　　　B. 设置区　　　　　C. 预览区　　　　　D. 选择区

（4）【多选】调整画面色彩时，可以使用（　　）。

A. 调色命令　　　　　　　　　　　　B. "Lumetri颜色"面板

C. 调色效果　　　　　　　　　　　　D. 调色对话框

（5）【多选】设置文本样式时，可以在（　　）中调整。

A. "基本图形"面板　　　　　　　　　B. "效果"面板

C. "效果控件"面板　　　　　　　　　D. "节目"面板

（6）【多选】Premiere中的渲染条有（　　）状态。

A. 红色　　　　　　　B. 绿色　　　　　　C. 蓝色　　　　　　D. 黄色

3. 操作题

（1）新建"坚果视频"项目，添加"坚果素材"文件夹（配套资源/素材文件/第2章/2.7课后练习/坚果素材）中的所有素材，然后整理视频素材，并创建一个分辨率为1920像素×1080像素、名称为"坚果视频"的序列，参考效果如图2-37所示。

（2）在操作题（1）创建的序列中根据自己的想法添加素材，参考效果如图2-38所示，然后导出AVI格式的视频。

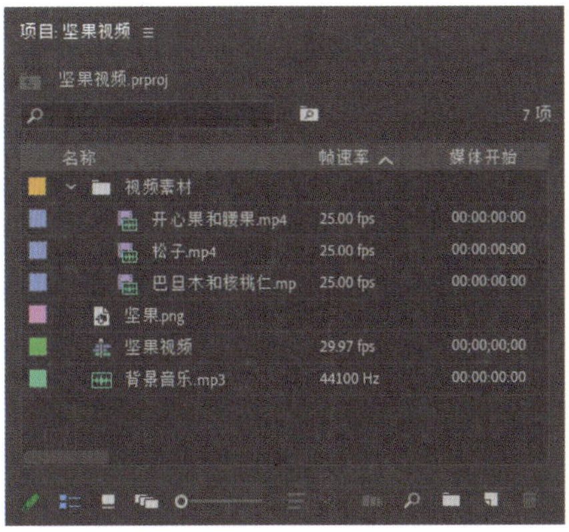

图2-37　整理素材并新建序列

图2-38　添加素材到序列中

Pr

第 3 章

宣传片制作

宣传片承载着品牌塑造、文化传承和理念推广的重任，无论是大型企业、政府机构还是各种组织或个人，都可以通过宣传片来展示自身的实力、理念和愿景。优秀的宣传片不仅是信息传递的媒介，更是形象的塑造者，它能够在短时间内将复杂的信息以直观、生动的方式呈现给受众，从而引发受众共鸣。

学习目标

▶ **知识目标**

◎ 了解宣传片的类型。
◎ 掌握宣传片的制作要点。

▶ **技能目标**

◎ 能够从专业的角度使用 Premiere 制作各类宣传片。
◎ 能够借助 AI 工具编写宣传片的文案，以及生成配音。

▶ **素养目标**

◎ 提高数据调查和分析能力，明确宣传片的受众群体。
◎ 关注文化传承与弘扬，在宣传片中传递文化价值和精神内涵。

学习引导

STEP 1　相关知识学习　　　　　建议学时：＿＿1＿＿ 学时

课前预习

1. 扫码了解宣传片及宣传片的发展历程，建立对宣传片的基本认识
2. 网络搜索宣传片案例，通过欣赏宣传片作品提升对宣传片的审美水平

课前预习

课堂讲解

1. 宣传片的类型
2. 宣传片的制作要点

重点难点

1. 学习重点：旅游宣传片及其制作要求、文化宣传片及其制作要求
2. 学习难点：视频素材片段的选取、产品宣传片及其制作要求

STEP 2　案例实践操作　　　　　建议学时：＿＿3＿＿ 学时

实战案例

1. 制作景点旅游宣传片
2. 制作非遗文化宣传片
3. 制作智能家居产品宣传片

操作要点

1. 入点和出点的处理方法、插入视频素材
2. 制作子剪辑、调整视频播放速度
3. Premiere自带素材、序列素材的使用方法

案例欣赏

STEP 3　技能巩固与提升　　　　　建议学时：＿＿4＿＿ 学时

拓展训练

1. 制作交通安全教育宣传片
2. 制作北京城市形象宣传片
3. 制作文房四宝文化宣传片

AI 辅助设计

1. 使用文心一言编写宣传片的文案
2. 使用魔音工坊根据文案生成配音

课后练习　通过填空题、选择题和操作题巩固理论知识，同时提升设计能力与实操能力

3.1　行业知识：宣传片制作基础

宣传片通常是有重点、有针对性地对企业、产品等某一类别的事物进行策划，然后制作出的成片，其目的是凸显企业、产品等的独特风格，使大众对其产生良好的印象。为了确保宣传片能够精准传达信息并吸引目标受众，针对不同类型的宣传片，要采取不同的制作思路。

3.1.1　宣传片的类型

在旅游宣传、文化宣传、企业推广、产品介绍等领域中，宣传片凭借其独特的魅力，成为重要的传播工具，而正是这些不同领域的特性，催生出丰富多样的宣传片类型。

- **旅游宣传片**。旅游宣传片主要用于展示旅游景点，提高旅游景点的知名度和曝光率。在制作旅游宣传片时，要注重彰显旅游景点的品质及个性，挖掘景点独具特色的地域文化特征，同时还要注意画面的平衡与美感，合理构图，以提高景点的吸引力和竞争力，从而促进当地旅游经济的发展。图3-1所示为新疆旅游宣传片，采用了色彩丰富的视频画面，并搭配对应的字幕，展现出了新疆的自然风光，让受众感受到新疆的独特韵味，从而吸引更多游客前往。

图3-1　新疆旅游宣传片

- **文化宣传片**。文化宣传片旨在通过短片的形式传播文化知识，让受众更好地了解和认识文化，感受到文化的魅力和价值，从而增强文化自信。在制作文化宣传片时，可以邀请文化专家或传承人进行解读和演示，再深入浅出地解释文化内涵，传达文化价值和意义。图3-2所示为中药文化宣传片，通过介绍《本草纲目》，展示抓取和处理中药的过程，生动地展现了中药文化的博大精深和独特魅力，让受众对中药有了更深入的了解和认识。

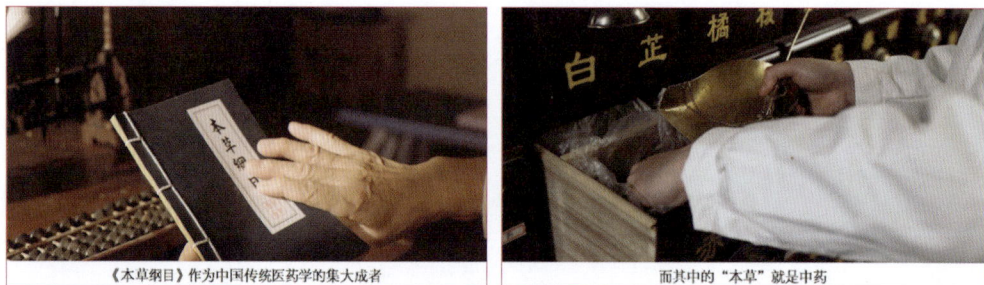

《本草纲目》作为中国传统医药学的集大成者　　　　　　而其中的"本草"就是中药

图3-2　中药文化宣传片

● **城市宣传片**。城市宣传片主要用于展示城市形象、推广城市产业等，通过介绍城市的
风貌、风景名胜等，展示城市的独特魅力和综合实力。城市宣传片不仅是城市对外宣
传的窗口，也是政府招商活动中的重要工具。因此，在制作宣传片时，需要突出城市
的特色和优势，如独特的文化、多元化的人文等，同时还要有清晰的思路和逻辑，将
城市的各个方面有机串联。图3-3所示为成都市城市宣传片，该宣传片从多个方面介
绍了这座城市，让受众能够感受到这座城市的活力与美好。

图3-3　成都市城市宣传片

● **企业宣传片**。企业宣传片主要用于展示企业形象和实力，其目的在于让受众全面了解
企业的实力、优势和潜力，塑造企业正面、积极的形象，增强受众对企业的信任感和
好感，提升企业的市场竞争力。企业宣传片主要聚焦于企业的发展历程、企业文化、
创新成果、市场定位等，因此在制作时要深入研究企业的各个方面，强调企业的核心
竞争力和企业文化，并选择符合企业形象的主题色彩。图3-4所示为盼盼食品企业宣
传片，通过展示企业的发展历程、工厂画面、企业产品等内容，生动、形象地突出了
企业的魅力与活力，传达了企业的文化理念和未来愿景。

图3-4　盼盼食品企业宣传片

● **产品宣传片**。产品宣传片主要展示产品的各个方面，向受众传递产品的核心价值，展
示其独特性和优越性，以吸引受众注意力并激发他们的购买欲望。制作产品宣传片
时，可以详细介绍产品的外观、结构、功能和使用方法，让受众全面了解产品，并感
受到产品的实用性，还可以展示真实用户的反馈和评价，增强用户对产品的信任感。
图3-5所示为音响产品宣传片，该宣传片通过展示产品的外观、细节、做工等，让用
户对产品有了更深入的了解，同时还搭配了具有节奏感的背景音乐来增强感染力。

图3-5　音响产品宣传片

● **科技宣传片**。科技宣传片主要用于展示科技产品或技术创新，旨在通过影像、声音和特效等手段，传达科技的特点、功能、应用场景以及理念，从而提高受众对科技的认知和兴趣。在制作科技宣传片时，可以融入现代科技元素，同时使用具有科技感的色彩搭配和特效，增强宣传片的科技感，引发受众对未来科技的思考和想象。图3-6所示为智慧城市科技宣传片，通过模拟城市科技化的场景，为受众呈现了一个智慧、宜居、可持续发展的城市未来图景，激发受众对未来城市的期待和向往，增强受众对城市发展的认同感和支持力。

图3-6　智慧城市科技宣传片

● **教育宣传片**。教育宣传片旨在向受众传递具有教育意义的信息，提升他们的综合素质，培养他们的社会责任感和创新精神。教育宣传片的内容可以涵盖各个学科的知识，激发受众对学习的热情；还可以传递正能量，弘扬社会主义核心价值观，引导受众树立正确的世界观、人生观和价值观。图3-7所示为法治教育宣传片，该宣传片通过简单的动画展示了法律的重要性及其在社会中的作用，让受众深刻体会到法律对于个人和社会的重要性，从而提高受众对法治建设的认识，加强法治意识。

图3-7　法治教育宣传片

3.1.2 宣传片的制作要点

为确保宣传片的制作效果达到预期，在制作宣传片时要注意以下要点。

- **具备真实性**。真实性是制作宣传片的基本要点之一，可以运用不同的表现手法在适当的范围内对宣传片进行艺术化地渲染，但必须要保证内容真实、准确，不能误导受众。
- **具备完整性**。宣传片中的信息需要完整呈现，不应遗漏关键内容，且整体有清晰的结构和逻辑顺序，每个部分的内容都应与主题紧密相关，并且能相互衔接，形成完整的故事线或信息链条。
- **明确核心信息**。宣传片的成功在于能否迅速并准确地传达核心信息，因此在制作前，要根据宣传主体对象的不同，有针对性地开展市场调研，明确需重点展示的关键点，如旅游宣传片可重点展示旅游景点的自然风光和人文特色等，而企业宣传片则更注重展示企业文化和企业发展等。
- **提炼内容**。宣传片应简洁明了，避免冗长和复杂的叙述，每个画面和每句话都应有其目的，并简明扼要地传达核心信息，确保信息能够迅速被受众理解和接受。
- **强调独特**。在宣传片中要突出宣传的产品或服务等的独特之处，这有助于受众区分其他产品或服务等，并记住其独特的价值，加深印象。

3.2 实战案例：制作景点旅游宣传片

案例背景

四川某文旅部门为推广省内丰富的旅游资源，吸引更多游客前来体验，准备制作一个景点旅游宣传片，并将其投放到机场、车站、商场等公共场所中，展示四川的自然风光，让受众感受到四川的独特魅力。该部门对景点旅游宣传片的要求如下。

（1）真实反映景点的特色，画面美观，能够吸引受众的注意力。

（2）文案简洁明了，能够准确传达宣传信息，背景音乐与画面和谐。

（3）视频分辨率为1920像素×1080像素，时长为25秒左右，输出的视频格式为MP4。

设计思路

（1）素材选择。选取每个景点视频大约5秒的片段，展示其独具特色、美观的画面。

（2）内容设计。在片头处选择一个景点视频作为背景画面，然后添加"多彩四川"文本作为标题，突出宣传片主题，同时标题字体应简洁大方，以体现四川的历史文化底蕴。接着根据画面表现力依次展示其他景点，可将色彩更为丰富的都江堰和九寨沟景点作为第1个和第3个展示，另外两个景点作为第2个和第4个展示，这样在视觉观感上层次更丰富。

效果预览

景点旅游宣传片

（3）文案设计与配乐选择。在展示每个景点时，配以简短的文案说明景点名称。选择轻快的背景音乐，营造出轻松愉悦的氛围。

本例参考效果如图3-8所示。

图3-8　景点旅游宣传片参考效果

操作要点详解

操作要点

（1）使用入点和出点选取视频和音频素材片段。

（2）通过取消链接删除视频中的音频。

（3）使用插入功能和拖曳操作将素材添加到序列中。

微课视频

3.2.1　选取视频素材片段

根据设计思路，每个景点要展示5秒，由于视频素材的时长过长，因此需要使用标记入点和出点的功能，并根据画面内容来选取每个视频素材中表现力更强的片段。其具体操作如下。

选取视频素材片段

（1）打开Premiere，按【Ctrl+Alt+N】组合键打开"导入"界面，设置项目名为"景点旅游宣传片"，然后单击"项目位置"下拉列表框右侧的✓按钮，在打开的下拉列表中选择"选择位置"选项，打开"项目位置"对话框，设置好项目的存储位置后，单击 选择文件夹 按钮。

（2）在"导入"界面左侧选择存储素材的磁盘或文件夹，在中间区域打开素材所在文件夹，选择其中的所有素材。在右侧的"导入设置"面板中单击"创建新序列"栏右侧的 按钮，使其呈未选中状态 ，然后单击 创建 按钮创建项目，如图3-9所示。

图3-9　新建项目

（3）进入"编辑"界面，在"项目"面板中可查看添加的所有素材，如图3-10所示。

（4）在"项目"面板中双击"毕棚沟.mp4"素材，在"源"面板中打开该素材，拖曳播放指示器预览素材，可发现画面变化不大，因此可直接选取前5秒的片段。将播放指示器拖曳至初始位置即00:00:00:00处，单击面板下方的"标记入点"按钮 （或按快捷键【I】键），然后将播放指示器拖曳至00:00:04:24处，单击"标记出点"按钮 （或按快捷键【O】键），此时可查看选取的时间段，同时右侧将显示片段的时长，如图3-11所示。

图3-10　查看素材　　　　图3-11　选取"毕棚沟.mp4"素材片段

操作小贴士

由于时间是从00:00:00:00开始计算的，且视频的帧速率为25帧/秒，所以00:00:00:00～00:00:00:24为25帧，即1秒。若要选取前5秒的片段，则需选取00:00:00:00～00:00:04:24的片段。

（5）依次在"源"面板中打开"都江堰.mp4""九寨沟.mp4"素材，然后使用与步骤（4）类似的方法选取前5秒的片段。需要注意的是，由于"都江堰.mp4"素材的帧速率为29.97帧/秒，因此出点需设置为"00:00:04:29"。

（6）在"源"面板中打开"墨石公园.mp4"素材，为了突出展示该景点的特色——墨石，可选取00:00:05:00～00:00:09:24的片段；继续打开"泸沽湖.mp4"素材，在该素材中，可选取画面构图更加美观的片段，如00:00:12:00～00:00:16:24，如图3-12所示。

图3-12　选取其他视频素材片段

3.2.2 制作片头效果

设计一个片头来突出该旅游宣传片的主题，可直接使用景点的画面作为片头背景，此时可选择画面构图较为平衡、稳定的"毕棚沟.mp4"素材，使受众的感受更为舒适，最后添加"多彩四川.png"素材作为标题。其具体操作如下。

微课视频

制作片头效果

（1）拖曳"项目"面板中的"毕棚沟.mp4"素材至"时间轴"面板，基于该素材创建序列，在"项目"面板中单击序列名称，激活文本框，在其中输入"景点旅游宣传片"文字，单击文本框外的位置完成修改。

（2）由于"毕棚沟.mp4"素材自带音频，为避免对后续添加音频造成影响，需要将音频删除。在"时间轴"面板中单击"链接选择项"按钮，使其呈未选中状态，然后单击A1轨道中的音频，按【Delete】键删除，如图3-13所示。

图3-13　删除音频

> **操作小贴士**
>
> 若只想取消单个素材的视频与音频的链接，可保持"链接选择项"按钮的选中状态，在"时间轴"面板中选择需要取消链接的素材，在其上单击鼠标右键，在弹出的快捷菜单中选择"取消链接"命令，或按【Ctrl+L】组合键；若要重新链接，可在弹出的快捷菜单中选择"链接"命令。

（3）在"项目"面板中选择"多彩四川.png"素材，将其拖曳至"时间轴"面板的V2轨道中，并使其入点与"毕棚沟.mp4"素材的入点对齐，如图3-14所示，此时片头的画面效果如图3-15所示。

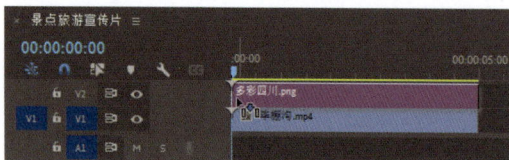

图3-14　拖曳主题文本素材

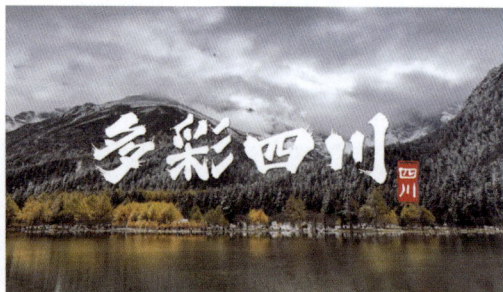

图3-15　添加主题文本后的片头画面效果

3.2.3 插入视频素材

　　制作好片头后，便依次在序列中添加其他视频素材，可使用"源"面板的插入功能直接插入素材，然后删除部分素材中多余的音频。其具体操作如下。

　　（1）在"源"面板中打开"都江堰.mp4"素材，然后在"时间轴"面板中将播放指示器移至00:00:05:00处，再单击"源"面板下方的"插入"按钮，将"都江堰.mp4"素材插入时间轴中，如图3-16所示。

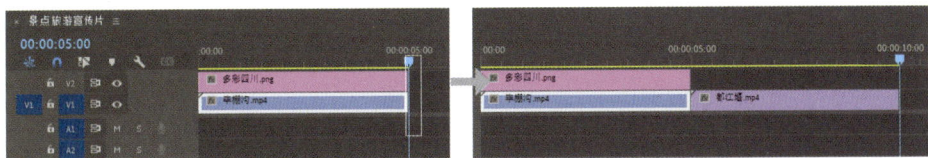

图3-16　插入"都江堰.mp4"素材

　　（2）使用类似的方法继续插入其他视频素材，然后删除链接的音频，如图3-17所示。

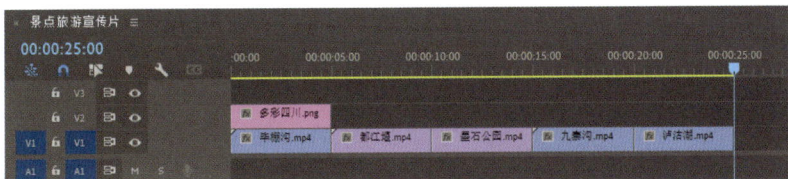

图3-17　插入其他视频素材并删除音频

3.2.4 添加景点名称和背景音乐

　　继续完善旅游宣传片，为除了片头外的景点视频添加名称，并适当调整位置，使其位于画面的左侧或右侧，不影响画面展示。根据整个视频时长调整背景音乐的入点和出点，再将其添加到序列中。其具体操作如下。

　　（1）依次拖曳"项目"面板中的各个景点名称素材到"时间轴"面板的V2轨道中，并分别与视频素材相对应，如图3-18所示。

图3-18　添加景点名称素材

　　（2）由于文本素材自动显示在画面正中间，因此需要调整。在"时间轴"面板中选择"都江堰.png"素材，然后在"效果控件"面板中修改位置参数，此处设置为"195.0,540.0"，如图3-19所示，调整文本后的画面效果如图3-20所示。

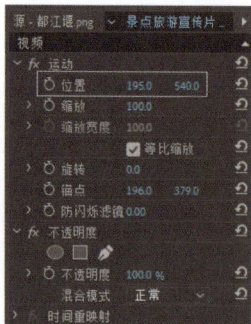

图3-19　修改位置参数　　　　　图3-20　调整文本后的画面效果

（3）使用与步骤（2）类似的方法继续调整其他文本素材的位置，部分画面效果如图3-21所示。

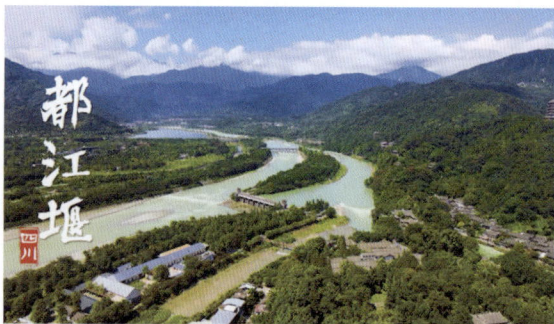

图3-21　调整其他文本后的部分画面效果

（4）在"源"面板中打开"背景音乐.mp3"素材，选取00：00：00：00～00：00：24：24的片段，然后从"项目"面板中将其拖曳到"时间轴"面板的A1轨道中，并使其入点与序列入点对齐。

（5）按【Ctrl+M】组合键打开"导出"界面，先单击"位置"参数右侧的超链接，打开"另存为"对话框，选择导出位置后单击 保存(S) 按钮，再设置格式为"H.264"，单击 导出 按钮，导出的同时将自动返回"编辑"界面，最后按【Ctrl+S】组合键保存文件。

> **操作小贴士**
>
> 　　若要在Premiere中导出MP4格式的视频，需要选择"H.264"作为导出格式，这个操作实际上是将视频编码为H.264格式，并将其封装在MP4格式容器中。MP4格式容器能够很好地支持采用H.264编码的视频，并提供高效的压缩功能和广泛的兼容性。

3.3　实战案例：制作非遗文化宣传片

案例背景

　　剪纸作为中国传统手工艺之一，被列入第一批国家级非物质文化遗产名录，承载了丰富的文化内涵和历史记忆，展现了中华民族的智慧和创造力。为弘扬中国传统文化，提高中国剪纸的知名度，某文化宣传部门准备为该项非遗文化制作文化宣传片，具体要求如下。

（1）视频内容需以展示剪纸的制作过程为主，让受众深入了解剪纸的制作过程。

（2）在展示剪纸制作过程的同时，通过带有解说的音频介绍剪纸艺术，让受众在欣赏剪纸制作过程的同时，了解剪纸艺术所承载的传统文化和民族精神。

（3）视频分辨率为1920像素×1080像素，时长在35秒以内，输出的视频格式为MP4。

💡 设计思路

（1）剪辑思路。剪纸的视频素材时长较长，需从中选取重要的画面，并按照折纸、剪纸和成品展示的顺序进行剪辑，同时对于重复的操作部分可做加速处理，以便更高效地传达信息。

（2）片头设计。在片头处添加"中国剪纸"标题文本突出宣传片主题，根据画面内容将文本移至画面左侧，避免遮挡右侧的折纸操作。另外，标题文本可采用楷书字体，体现宣传片的文化韵味。

效果预览

非遗文化宣传片

（3）背景音乐设计。背景音乐需与宣传片的内容和氛围协调，营造出浓郁的文化氛围、激发情感共鸣，因此可选择具有古典旋律和节奏的音乐。

本例参考效果如图3-22所示。

图3-22　非遗文化宣传片参考效果

🔍 操作要点

操作要点详解

（1）利用子剪辑功能选取视频素材片段并命名。

（2）调整视频播放速度，减少视频总时长。

3.3.1　制作子剪辑

微课视频

依次选取"剪纸视频.mp4"素材中的片段，制作为多个子剪辑，并根据画面内容分别命名，以便在后续操作过程中快速分辨视频片段。其具体操作如下。

（1）新建"非遗文化宣传片"项目，导入所有素材。在"项目"面板中双击"剪纸视频.mp4"素材，在"源"面板中打开该素材，设置入点和出点分别为"00：00：00：00""00：00：05：17"，如图3-23所示。

制作子剪辑

（2）选择【剪辑】/【制作子剪辑】命令，或按【Ctrl+U】组合键，打开"制作子剪辑"

对话框,设置名称为"折纸1",勾选"将修剪限制为子剪辑边界"复选框,然后单击 确定 按钮,如图3-24所示。

图3-23 设置入点和出点

图3-24 制作子剪辑

(3)使用与步骤(1)和步骤(2)类似的方法,选取00:00:20:01~00:00:52:11的片段,制作为"折纸2"子剪辑;选取00:01:16:11~00:01:26:08的片段,制作为"剪纸1"子剪辑;选取00:01:41:11~00:01:50:08的片段,制作为"剪纸2"子剪辑;选取00:02:01:18~00:02:13:21的片段,制作为"成品展示"子剪辑,在"项目"面板中可查看所有创建的子剪辑,如图3-25所示。

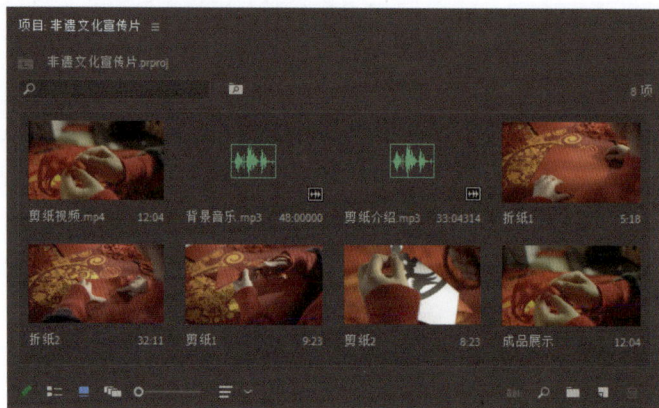

图3-25 查看所有子剪辑

3.3.2 调整视频播放速度

由于所有子剪辑的总时长过长,因此可考虑加快播放速度,其中"折纸2"子剪辑中的操作较为简单,可尽量减少该子剪辑的时长。其具体操作如下。

(1)在"项目"面板中拖曳"折纸1"子剪辑到"时间轴"面板中,基于该子剪辑创建序列,然后将该序列名称修改为"非遗文化宣传片"。

(2)在"时间轴"面板中的"折纸1"子剪辑上单击鼠标右键,在弹出的

微课视频

调整视频播放速度

快捷菜单中选择"速度/持续时间"命令，打开"剪辑速度/持续时间"对话框，设置速度为"140%"，单击 确定 按钮，如图3-26所示，此时可看到"时间轴"面板中"折纸1"子剪辑的时长已缩短，同时子剪辑名称左侧的 图标变为 图标，如图3-27所示。

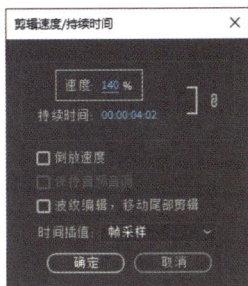

图3-26　设置速度

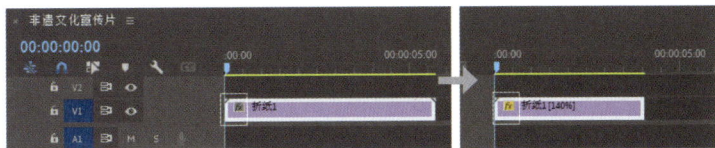

图3-27　调整速度的前后对比

（3）依次拖曳其他子剪辑到V1轨道中，然后分别设置速度为"380%""160%""170%""120%"，效果如图3-28所示。

图3-28　调整其他子剪辑速度后的效果

操作小贴士

除了"速度/持续时间"命令外，还可以在"工具"面板中选择"比率拉伸工具" ，在"时间轴"面板中将鼠标指针移至素材边缘，当鼠标指针变为 形状时，按住鼠标左键不放并左右拖曳鼠标指针，以加快或减慢视频的播放速度。

3.3.3　添加文本和音频

继续完善宣传片，可使用文字工具在片头处输入标题文本并调整其样式，再添加背景音乐到音频轨道中，并适当调整出点。其具体操作如下。

微课视频

添加文本和音频

（1）选择"垂直文字工具" ，将鼠标指针移至"节目"面板的左上角处，单击以确定插入点，然后输入"中国剪纸"文本，如图3-29所示，按【Ctrl+Enter】组合键完成输入。

（2）保持文本的选中状态，在"效果控件"面板中展开"文本(中国剪纸)"栏，设置字体为"演示秋鸿楷"、字体大小为"240"、字距为"60"，单击"仿粗体"按钮 ，如图3-30所示。单击"填充"下方的黑色色块，打开"拾色器"对话框，在右下角的文本框中输入"FFFFFF"，然后单击 确定 按钮，如图3-31所示。

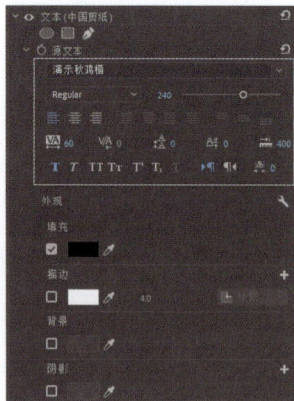

图3-29　输入文本　　　　图3-30　设置文本样式　　　　图3-31　设置文本填充颜色

（3）在"时间轴"面板中调整文本的出点，使其与"折纸1"子剪辑的出点对齐，片头文本效果如图3-32所示。

（4）拖曳"剪纸介绍.mp3"素材至A1轨道，拖曳"背景音乐.mp3"素材至A2轨道，然后将鼠标指针移至"背景音乐.mp3"素材出点处，当鼠标指针变为▤形状时，按住鼠标左键不放并向左拖曳，使其与"成品展示"子剪辑的出点对齐，如图3-33所示。

图3-32　片头文本效果　　　　　　　　　　图3-33　添加音频并调整出点

（5）按【Ctrl+M】组合键打开"导出"界面，导出MP4格式的视频，导出的同时将自动返回"编辑"界面，最后按【Ctrl+S】组合键保存文件。

3.4　实战案例：制作智能家居产品宣传片

案例背景

"效智家居"作为新兴的智能家居品牌，致力于为用户提供全方位、个性化的智能家居解决方案。为进一步提高产品知名度，公司决定制作智能家居产品宣传片，传递"效智家居"产品的核心价值与独特优势，具体要求如下。

（1）宣传片整体要展示出"效智家居"产品的智能化、个性化等特点，画面风格为科技风。

（2）在片头中融入"效智家居"的品牌理念，片中要添加品牌Logo。

（3）视频分辨率为1920像素×1080像素，时长在35秒以内，输出的视频格式为MP4。

设计思路

（1）片头设计。将具有科技风的蓝色作为宣传片片头的背景底色，然后添加一些动态元素作为装饰，模拟数据点或信号传输的效果，增强科技感和未来感，再逐渐显示主题文本，加强视觉效果。

（2）Logo和字幕设计。在画面左上角可固定显示品牌Logo，加深受众对品牌的印象；说明性字幕采用便于识别的字体并放置在画面底部，对画面进行补充说明。

效果预览

智能家居产品
宣传片

（3）配乐选择。选择气势恢宏的配乐作为背景音乐，营造一种激动人心的氛围，增强宣传片的吸引力。

本例参考效果如图3-34所示。

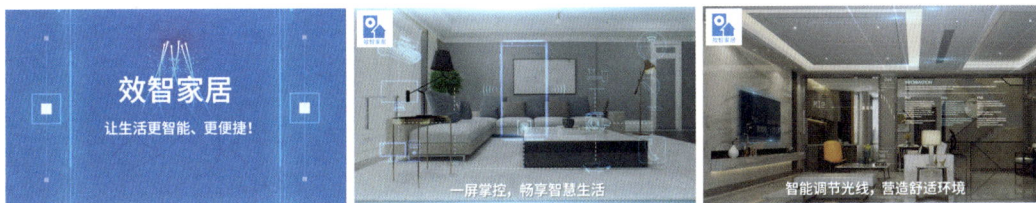

图3-34　智能家居产品宣传片参考效果

设计大讲堂

科技风的视频内容通常围绕科技产品、技术创新等内容展开，通过展示产品的功能、特性和应用场景，向受众传递科技的力量和魅力。科技风的视频常采用冷色调，尤其以蓝色居多，因为蓝色能够营造出科技、未来和创新的氛围，增强视频的科技感。另外，科技风的视频中常常包含各种动态元素，如流动的线条、光效等，这些元素可以为受众带来强烈的视觉冲击力。

操作要点

（1）结合颜色遮罩和元素素材制作片头背景。

（2）利用序列素材制作片头文本的动画效果。

（3）添加Logo、字幕和背景音乐，完善宣传片效果。

操作要点详解

3.4.1　制作片头背景

使用蓝色作为片头背景的底色，然后添加并调整元素素材，制作出具有科技风的片头背景效果，其具体操作如下。

微课视频

（1）新建"智能家居产品宣传片"项目，导入所有素材。在"项目"面板中单击鼠标右键，在弹出的快捷菜单中选择【新建项目】/【颜色遮罩】命令，

制作片头背景

打开"新建颜色遮罩"对话框,设置图3-35所示的参数,然后单击 确定 按钮。

(2)打开"拾色器"对话框,设置颜色为"#2497BD",单击 确定 按钮,如图3-36所示。然后打开"选择名称"对话框,设置名称为"蓝色背景",单击 确定 按钮。此时可在"项目"面板中查看新建的颜色遮罩,如图3-37所示。

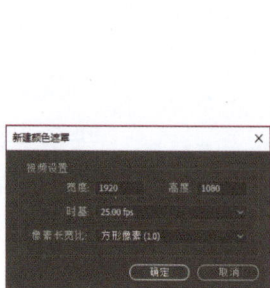

图3-35　设置颜色遮罩参数　　　　图3-36　设置颜色　　　　图3-37　查看颜色遮罩

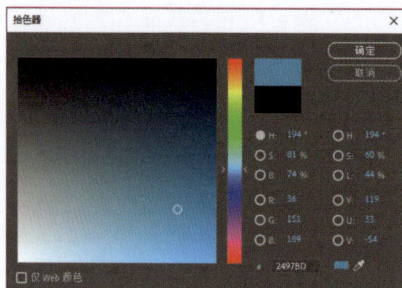

(3)在"项目"面板中单击鼠标右键,在弹出的快捷菜单中选择【新建项目】/【序列】命令,打开"新建序列"对话框,设置图3-38所示的参数,在对话框下方设置序列名称为"智能家居产品宣传片",单击 确定 按钮。

(4)依次拖曳"蓝色背景""矩形框.mov""上升线条.mov"素材到V1、V2、V3轨道中,在"效果控件"面板中设置"矩形框.mov"素材的缩放为"210.0",如图3-39所示。

(5)选择"上升线条.mov"素材,单击鼠标右键,在弹出的快捷菜单中选择"速度/持续时间"命令,打开"剪辑速度/持续时间"对话框,设置持续时间为"00:00:03:00",如图3-40所示,然后单击 确定 按钮。

图3-38　新建序列参数　　　　图3-39　设置缩放　　　　图3-40　设置持续时间

(6)按【Enter】键预览画面效果,如图3-41所示。

图3-41　预览画面效果

3.4.2 添加序列素材和视频素材

微课视频

添加序列素材和
视频素材

利用序列素材为片头制作具有动画效果的文本，使片头更具吸引力和可读性，然后添加视频素材并调整其大小。其具体操作如下。

（1）选择【文件】/【导入】命令，或按【Ctrl+I】组合键，打开"导入"对话框，在素材文件夹中打开"效智家居"文件夹，选择"效智家居_000.png"素材，然后在下方勾选"图像序列"复选框，单击 打开(O) 按钮，如图3-42所示。

（2）在"项目"面板中可查看导入的序列素材，该序列素材将以所选素材名称命名，如图3-43所示。为便于后续制作，可将其重命名为"片头文本"。

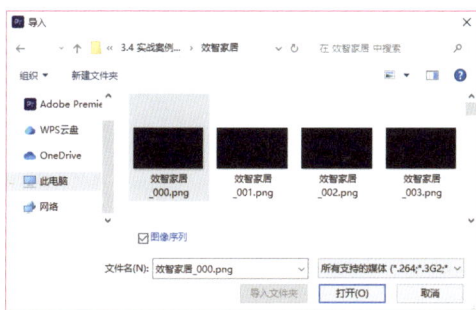

图3-42　导入序列素材

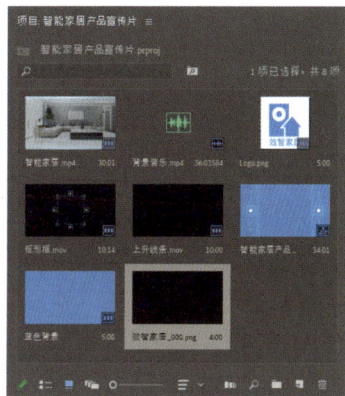

图3-43　查看序列素材

（3）拖曳"片头文本"序列素材至"时间轴"面板的V3轨道上方，释放鼠标左键时将自动新建V4轨道，此时片头效果如图3-44所示。

图3-44　片头效果

（4）拖曳"智能家居.mp4"素材至V1轨道，然后设置缩放为"50.0"。

3.4.3 添加Logo、字幕和音频

微课视频

添加Logo、字幕
和音频

为突出产品品牌，可继续添加Logo，然后完善产品宣传片效果，并添加背景音乐，同时为各个画面内容添加说明性字幕。其具体操作如下。

（1）拖曳"Logo.png"素材至V2轨道，然后调整其出点位置，使其与"智

能家居.mp4"素材的出点对齐，然后在"效果控件"面板中调整位置为"117.0,113.0"，使其位于画面左上角。

（2）拖曳"背景音乐.mp3"素材至A1轨道，然后调整其出点位置，使其与"智能家居.mp4"素材的出点对齐。

（3）将播放指示器移至00:00:06:01处，选择"文字工具" ，在画面下方输入"一屏掌控，畅享智慧生活"文本，在"效果控件"面板中设置图3-45所示的文本样式参数。在下方勾选"阴影"复选框，其他保持默认设置，文本效果如图3-46所示，根据画面内容调整文本的出点至00:00:10:10处。

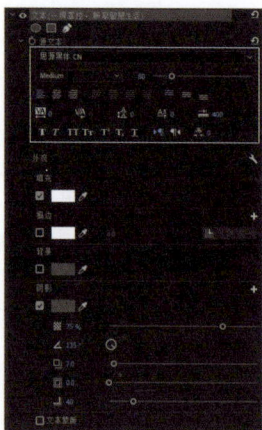

图3-45　设置文本样式参数　　　　　　　图3-46　文本效果

（4）使用与步骤（3）类似的方法继续为其他画面输入文本，并根据画面调整入点和出点，如图3-47所示，效果如图3-48所示。

图3-47　输入文本并调整入点和出点

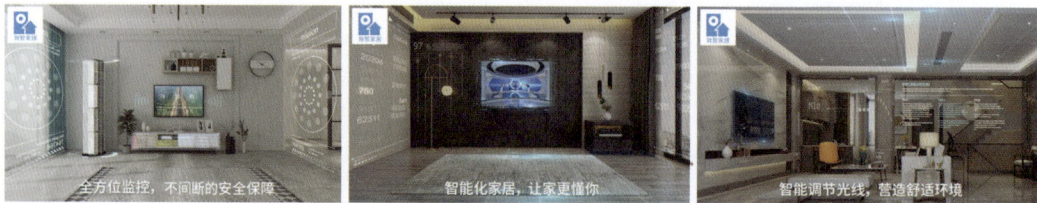

图3-48　其他文本效果

（5）按【Ctrl+M】组合键打开"导出"界面，导出MP4格式的视频，导出的同时将自动返回"编辑"界面，最后按【Ctrl+S】组合键保存文件。

3.5 拓展训练

┌─────────────┐
│ **实训 1** **制作交通安全教育宣传片** │
└─────────────┘

实训要求

（1）以"全国交通安全日"为主题制作交通安全教育宣传片，提高公众对交通安全问题的认识和重视程度，营造安全、文明的交通环境。

（2）视频分辨率为1920像素×1080像素，时长在20秒左右。

（3）制作插画风片头以突出宣传片主题，加深受众印象；采用与交通安全相关的真实视频素材，以增强受众的代入感和警示效果。

（4）搭配讲解交通安全信息的音频素材，让受众了解交通安全的重要性。

操作思路

（1）新建蓝色的颜色遮罩作为片头背景，添加城市交通的插画场景，并使用深色文本突出宣传片的主题，同时添加宣传语"文明交通 你我同行"，调整各素材时长。

（2）利用入点和出点选取视频素材中的重要片段，如红灯变为绿灯、车辆开始行驶、司机转动方向盘等，然后依次插入序列中。

（3）部分视频素材的播放速度较慢，因此可适当加快，使其更符合制作需要，再添加讲解交通安全信息的音频素材，并使其在片头结束后开始播放。

具体制作过程如图3-49所示。

效果预览

交通安全教育
宣传片

①制作片头　　　　　　　　　　②选取片段

③添加素材并调整播放速度

图3-49　交通安全教育宣传片制作过程

实训 2 制作北京城市形象宣传片

实训要求

（1）为北京制作城市形象宣传片，展示北京的人文特色、著名景点、经典美食等。

（2）视频分辨率为1920像素×1080像素，时长在35秒左右。

（3）在片头突出宣传片主题，加强视觉效果，从而吸引受众的注意力。

（4）添加温和、舒缓的背景音乐，营造一种和谐、宁静的氛围。

操作思路

（1）添加视频素材作为片头背景，然后添加主题文本素材，以强调宣传片主题，使受众对北京产生印象。

（2）为"北京景点.mp4"和"北京美食.mp4"视频素材制作多个子剪辑，并根据画面内容同步修改名称，以便后续进行分辨。

效果预览

北京城市形象宣传片

（3）先添加具有代表性的胡同画面，展现北京的历史文化底蕴；然后依次添加著名景点和经典美食的子剪辑，让受众感受到北京的魅力。

（4）添加背景音乐并调整其出点至视频轨道的出点处。

具体制作过程如图3-50所示。

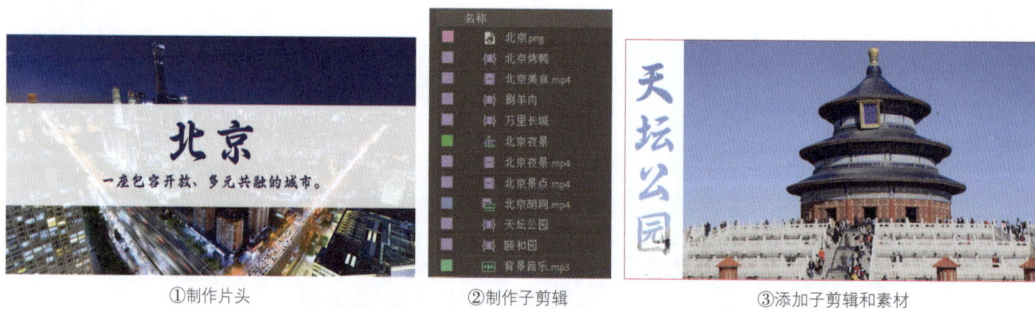

①制作片头　　　　　　②制作子剪辑　　　　　　③添加子剪辑和素材

图3-50　北京城市形象宣传片制作过程

实训 3 制作文房四宝文化宣传片

实训要求

（1）为文房四宝制作文化宣传片，以传承和弘扬文房四宝文化，提高公众对传统文化的认知和认同感。

（2）视频分辨率为1920像素×1080像素，时长在25秒左右。

（3）在片头采用古朴典雅的画面作为背景，然后逐渐显示宣传片主题文本。

（4）展示与文房四宝相关的视频画面，再添加介绍文房四宝的音频素材。

操作思路

（1）新建白色的颜色遮罩，然后添加水墨画素材并适当调整位置，营造出一种悠然、宁静的文化氛围，同时为后续的标题文本留出位置。

（2）导入序列素材，使其以一个文件的形式呈现，然后添加到片头中，并将其置于画面的空白处。

（3）依次拖曳视频素材到序列中，先展示文房四宝的外观，然后展示使用毛笔写字的画面。

（4）添加音频素材，并使其入点与片头出点对齐，使音频在文房四宝画面出现时才开始播放，让受众能够通过视听结合的方式来加深印象。

效果预览

文房四宝文化
宣传片

具体制作过程如图3-51所示。

①制作片头背景　　　　　②添加序列素材　　　　　③添加并剪辑素材

图3-51　文房四宝文化宣传片制作过程

3.6 AI辅助设计

文心一言　获取文案

文心一言是百度推出的一款生成式AI写作工具，它不仅能够与人对话互动、回答问题，还能够协助创作，高效、便捷地帮助人们获取信息、知识和激发灵感。在视频编辑领域，文心一言可以帮助制作人员写作视频所需的字幕、宣传语、广告语等文案。例如，使用文心一言为汉字文化宣传片写作宣传文案。

使用方式：提问

提问方式：交代背景＋告知需求＋补充说明

示例：某市文化宣传部门准备制作汉字文化宣传片，通过讲述汉字背后的故事、汉字的艺术魅力和应用等，让更多人了解汉字的历史，推动中华文化的传承和发展。请为这个宣传片写作一些宣传文案，使其作为片中字幕进行补充说明，宣传片时长为40秒。

某市文化宣传部门准备制作汉字文化宣传片，通过讲述汉字背后的故事、汉字的艺术魅力和应用等，让更多人了解汉字的历史，推动中华文化的传承和发展。请为这个宣传片写作一些宣传文案，使其作为片中字幕进行补充说明，宣传片时长为40秒。

当然，以下是我为这个汉字文化宣传片准备的宣传文案建议：

[0-5秒]

字幕：汉字，数千年的智慧结晶。

旁白：汉字，承载着中华民族的千年智慧，每一个字都是一部历史。

[6-10秒]

字幕：从甲骨文到楷书，见证文明变迁。

旁白：从甲骨文到楷书，汉字的演变见证了中华文化的进步与发展。

[11-15秒]

字幕：一撇一捺，皆是艺术。

旁白：汉字不仅是语言，更是艺术的瑰宝，一撇一捺间尽显中华美学。

[16-20秒]

字幕：诗词歌赋，皆因汉字而生。

旁白：诗词歌赋，这些中华文化的瑰宝，都是基于汉字而创作的。

[21-25秒]

字幕：汉字之美，世界共享。

旁白：汉字之美，不仅属于中国，更属于世界，让我们共同领略这份独特魅力。

[26-30秒]

字幕：传承汉字，弘扬中华文化。

旁白：传承汉字，就是传承中华文化，让我们一起为中华文化的传承和发展贡献力量。

[31-35秒]

字幕：书写汉字，感受千年文化魅力。

旁白：书写汉字，就是感受千年文化的魅力，让我们共同书写中华文化的辉煌篇章。

[36-40秒]

字幕：汉字，连接你我，连接世界。

旁白：汉字，连接着你我，连接着世界，让我们共同见证中华文化的繁荣与复兴。

经过文心一言的帮助，制作人员可以有效提高工作效率和创作质量，不用花费过多时间和精力去构思和撰写文案，而是可以将更多精力投入视频编辑中，从而创作出更加优秀和精彩的作品。同时，文心一言的创意也可以为制作人员提供更多的创作思路和方向，使作品更具创新性和独特性。

魔音工坊　生成配音

魔音工坊是由北京小问智能科技有限公司开发的一款配音软件，它提供一站式AI配音服务，可以生成自然、流畅、逼真的语音。在视频编辑领域，魔音工坊可以帮助制作人员快速、高效地完成配音工作，提升视频作品的质量和观赏性。例如，为汉字文化宣传片生成配音。

使用方式：文案配音

使用方式：输入文本内容 → 选择配音师及风格 → 调整配音效果 → 下载文件

主要参数：配音师选择、多音字、停顿调节、重音、局部变速、多人配音等魔音工坊还支持多人配音和对话式配音，制作人员可以根据视频内容需求，选择不同的声音和语调，为每个角色或场景添加合适的配音。这种灵活性使得视频内容更加生动、有趣，能够更好地吸引受众的注意力。此外，魔音工坊还提供了多种语音包和配音师声音供用户选择，这些语音包和配音师声音几乎涵盖了不同的风格、情感和口音，可以满足制作人员不同的需求，为其提供了更多的创作可能性。

拓展训练

请参考上文提供的文心一言和魔音工坊的使用方法，为你家乡的城市形象宣传片编写宣传文案，并设置合适的配音效果，提升对文心一言和魔音工坊的应用能力。

3.7 课后练习

1. 填空题

（1）若要导出MP4格式的视频文件，需要在"导出"界面中设置格式为_____。

（2）在制作文化宣传片时，可以邀请_____或_____进行解读和演示，再深入浅出地解释文化内涵，传达文化价值和意义。

（3）_____宣传片的内容可以涵盖各个学科的知识，让受众更好地理解知识，激发他们对学习的热情。

（4）向文心一言提问，寻求宣传片的文案设计思路时，可采用_____的提问方式。

2. 选择题

（1）【单选】标记入点的快捷键是（　　）。

A.【I】键　　　　　　　B.【O】键　　　　　　　C.【[】键　　　　　　　D.【A】键

（2）【单选】在帧速率为24帧/秒的视频中，（　　）的区间表示3秒。

A. 00:00:00:00～00:00:02:24　　　　　　B. 00:00:00:00～00:00:03:00

C. 00:00:00:00～00:00:02:23　　　　　　D. 00:00:00:00～00:00:03:01

（3）【多选】企业宣传片的主要内容可以包含（　　）。

A. 企业的发展历程　　B. 企业的创新成果　　C. 企业的财务报表　　D. 企业的文化理念

（4）【多选】宣传片的制作要点包含（　　）。

A. 具备真实性　　　　B. 随机性创作　　　　C. 提炼内容　　　　D. 明确核心信息

3. 操作题

（1）森鲜森水果店新进了一批柠檬，为扩大宣传并提高销售量，拍摄了一组展示视频，要求使用这些视频制作产品宣传片，并将店铺名称显示在视频画面中，参考效果如图3-52所示。

图3-52 柠檬产品宣传片参考效果

（2）织梦海岛拥有丰富的旅游资源，为吸引更多游客前来游玩，需要制作一个旅游宣传片，要求画面美观，并根据画面内容添加相关的宣传语，参考效果如图3-53所示。

图3-53 海岛旅游宣传片参考效果

（3）使用文心一言和魔音工坊为某校编写校园安全教育宣传片的宣传文案，并生成配音。要求文案简洁明了、通俗易懂，避免使用复杂的句子结构，配音语气应亲切、自然，富有感染力，能够引起受众的共鸣。使用文心一言生成宣传文案的参考效果如图3-54所示。

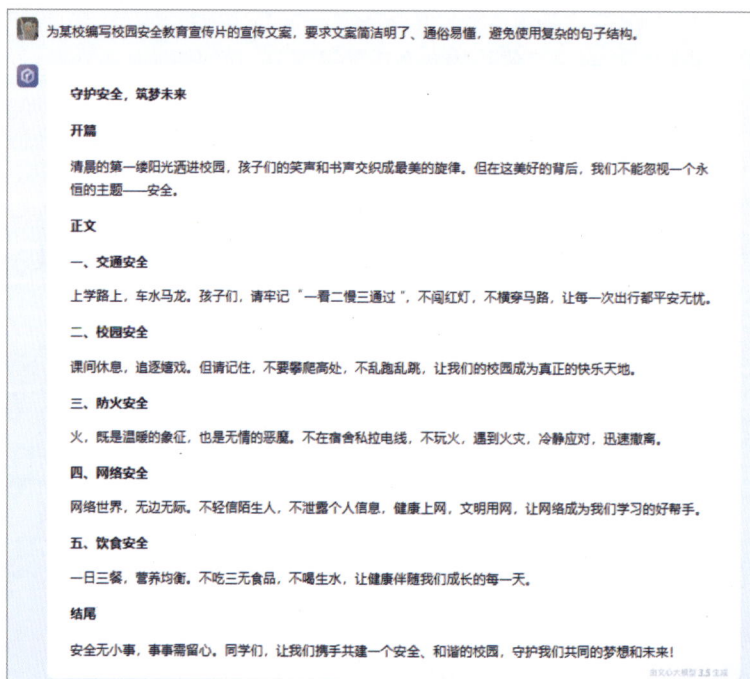

图3-54 使用文心一言生成宣传文案的参考效果

Pr

第 章

影视包装制作

随着大众审美的提升和市场竞争的加剧，影视包装成为影视作品（如电影、电视剧、栏目等）不可或缺的一部分，影响着受众对影视作品的第一印象。对于影视作品而言，影视包装不只是一种浅层画面的点缀与装饰，还是一种深层理念的表达与阐述，能够突出影视作品的主题和核心理念，同时能使影视作品在受众心中留下深刻的印象。

学习目标

▶ **知识目标**

◎ 了解影视包装的主要内容。
◎ 掌握影视包装的制作要点。

▶ **技能目标**

◎ 能够使用 Premiere 制作不同类型的影视包装。
◎ 能够借助 AI 工具生成艺术字和符合主题的背景音乐。

▶ **素养目标**

◎ 具备创新思维，能够以创新的视角制作影视包装。
◎ 关注影视行业动态和流行趋势，不断提升审美水平。

学习引导

STEP 1 相关知识学习　　　　　　建议学时：___1___ 学时

课前预习
1. 扫码了解影视包装及影视包装的发展历程，建立对影视包装的基本认识
2. 网络搜索影视包装案例，通过欣赏影视包装作品提升对影视包装的审美水平

课前预习

课堂讲解
1. 影视包装的主要内容
2. 影视包装的制作要点

重点难点
1. 学习重点：制作影视剧与栏目的片头、片尾、预告片
2. 学习难点：转场动画的制作思路，影视包装的创意性与统一性

STEP 2 案例实践操作　　　　　　建议学时：___3___ 学时

实战案例
1. 制作航天栏目片头
2. 制作影视剧片头
3. 制作美食栏目转场动画

操作要点
1. 导入PSD格式素材，关键帧、关键帧插值的应用
2. "变换"效果组的应用
3. 形状工具组、"基本图形"面板的应用

案例欣赏

STEP 3 技能巩固与提升　　　　　　建议学时：___4___ 学时

拓展训练
1. 制作传统文化栏目片头
2. 制作影视剧片尾
3. 制作科普栏目预告片

AI 辅助设计
1. 使用文心一格生成艺术字
2. 使用网易天音生成音乐

课后练习
通过填空题、选择题和操作题巩固理论知识，提升设计能力与实操能力

4.1　行业知识：影视包装制作基础

包装一般是指对产品进行包装，影视包装则是指对栏目、影视剧，甚至是电视台的整体形象进行包装，旨在通过视觉语言更好地传达影视作品的核心价值和精神内涵。针对不同类型的影视包装，要采取不同的制作思路，并综合考量作品内容、目标受众及市场需求等多个方面。

4.1.1　影视包装的主要内容

影视包装在电影、电视剧、栏目等影视作品中发挥着至关重要的作用，能够提升作品的知名度，并吸引受众。影视包装通过不同的形式和内容，可以全方位地塑造并强化影视作品的形象。影视包装的主要形式如下。

1. 预告片

预告片是指为了宣传和推广即将上映的影视剧或即将上线的栏目等影视作品而制作的视频，其目的是吸引受众关注、激发受众兴趣。在制作预告片时，可以通过展示影视作品的精彩画面和关键情节，提高受众的期待值；还可以展示一些带有悬念的片段，让受众对剧情走向产生好奇。图4-1所示为《白蛇：浮生》电影预告片，该预告片以经典台词开场，通过多个剧情转折点的精彩画面，激发受众对该电影的兴趣。

图4-1　《白蛇：浮生》电影预告片

2. 片头

片头作为影视作品的开场，往往有着精美的画面、独特的名称设计或富有创意的动画效果等，它不仅宣告着影视作品的开始，还展现了影视作品的风格和主题。

片头主要可分为影视剧片头和栏目片头。

● **影视剧片头**。影视剧片头是指在一部电影或电视剧开始时，用于介绍影视剧名、出品方、导演、主演等信息的视频。影视剧片头不仅具有传递基本信息的功能，还能通过独特的视觉风格和音乐氛围，引发受众对剧情的好奇和兴趣。在制作影视剧片头时，可以简短地呈现主要角色和故事情节概要，并使用创意性的文字设计呈现影视剧名。图4-2所示为《无名之辈》电影片头，在片名出现之前，分别从上下向中间裁剪画面，使受众视线集中在画面中的道路位置，然后逐渐显示片名。

● **栏目片头**。栏目片头通常用于向受众传递当前收看栏目的名称，同时，栏目片头不仅反映着栏目的定位、风格和内容等，还具有宣传和推广栏目的作用。在制作栏目片头

图4-2 《无名之辈》电影片头

时，需要清晰地传递栏目的名称，并具备明确的导向作用，让受众能迅速了解栏目的类型和主题。图4-3所示为《中国诗词大会》栏目片头，该片头结合栏目的特色为多个著名的诗句创作了与之相契合的动画，让受众在欣赏动画的同时，也能深刻感受到中国诗词的魅力和内涵。这不仅提升了片头的观赏性，也增强了受众对中国传统文化的认同感和自豪感。

图4-3 《中国诗词大会》栏目片头

3. 片尾

片尾作为影视作品的重要组成部分，承载着总结剧情，展示演职人员名单、版权信息及广告赞助等多重功能，它不仅是受众对作品的最后印象，也是作品完整性和专业性的体现。

片尾主要可分为影视剧片尾和栏目片尾。

● 影视剧片尾。影视剧片尾往往通过音乐、画面和字幕的结合，营造出与影视剧主题相呼应的情感氛围，使受众在观影结束后仍沉浸在影视剧的情境中。在制作影视剧片尾时，可以采用黑屏或渐出的方式，呈现影视剧中的关键场景，让受众慢慢消化整个作品，增强受众的记忆和共鸣。图4-4所示为《知否知否应是绿肥红瘦》电视剧片尾，该片尾的背景插画中简单概括了电视剧的大致剧情，最后依次展示了主创人员、合作公司等信息。

图4-4 《知否知否应是绿肥红瘦》电视剧片尾

● **栏目片尾**。与影视剧片尾相比，栏目片尾通常更加简洁明了，主要展示主持人、制作团队和赞助商等信息，部分栏目片尾还会包含下一期节目的预告内容，以吸引受众继续关注该栏目。在制作栏目片尾时，其设计风格通常要与栏目的整体包装风格保持一致，以强化栏目的品牌形象。若栏目片尾中包含预告内容，则应注重预告效果的营造，引起受众对预告内容的兴趣。

4. 转场动画

转场动画是用于衔接两个画面的一种过渡效果，此处特指在栏目播放中穿插的片段，如可以在两个不同的场景之间添加转场动画用于过渡，避免生硬和突兀，同时能够增加视觉效果和观赏性；也可以在产生结果之前添加转场动画，让受众在心理上有所准备，同时加强受众的紧张感和期待感。在制作栏目转场动画时，其效果尽量简洁明了，如通过简单的动画强调栏目名称，或使用多个图形产生变形效果，同时还要控制好转场动画的时长，避免受众产生抵触心理。另外，转场动画的设计风格通常要与栏目的整体风格协调，以进一步强调栏目的独特性、增加栏目的辨识度。图4-5所示为某综艺栏目的转场动画，它采用各种不规则的形状进行制作，并利用了多种饱和度较高的色彩，增强了视觉冲击力，同时以抽象的风格展现出该综艺栏目的创意和活力。

图4-5 某综艺栏目的转场动画

4.1.2 影视包装的制作要点

为确保影视包装的制作效果达到预期，在制作影视包装时要注意以下要点。

● **风格明确**。根据影视作品的定位确定影视包装的制作风格，如旅游类栏目的包装可采用明亮、温暖的色调，营造轻松愉快的氛围，并使用富有动感的镜头，展现旅游目的地的亮点和魅力；悬疑风格电影的包装可采用暗色调和冷色调，营造紧张、压抑的氛围，并使用快节奏的剪辑和音效，增强受众的紧张感和影片的悬疑感。

● **具备创意性**。设计富有创意和吸引力的视觉元素，如独特的字体和颜色搭配等，以便迅速抓住受众的视线，使其留下深刻印象。

● **具备统一性**。同一个影视作品的包装应在多个方面遵循统一的视觉原则，尽量让画面的色彩协调、一致，体现相同的设计理念和风格特点。同时，栏目Logo、影视剧名、宣传语、音效等元素通常保持固定不变，以增强影视包装的统一性。

● **视觉冲击力强**。特效与动画是视觉呈现的核心元素，在影视包装中灵活运用特效与动画可以增强作品的吸引力，深化主题氛围，营造更好的观影体验。

4.2 实战案例：制作航天栏目片头

案例背景

随着人类对宇宙探索的热情日益高涨，为了普及航天知识，增强公众对航天领域的关注，同时为了展示航天技术的魅力和人类对未知宇宙的探索精神，某电视台计划制作《星际探索者》航天栏目，并需要为该栏目设计一个片头。该栏目的负责人对栏目片头的要求如下。

（1）片头要充满科技感，体现航天领域的先进性和未来感。

（2）突出栏目名称，画面和谐，色彩饱满。

（3）视频分辨率为1920像素×1080像素，时长为6秒左右，输出MP4格式的视频。

设计思路

（1）素材选择。选择蓝色调、太空主题的画面作为背景，再利用星球、空间站、星形等元素营造太空氛围，同时元素的色彩要与背景色彩相呼应。

（2）文本设计。栏目名称文本采用显眼的字体，放置在画面中间，可通过多重描边来增强文本的显示效果。

效果预览

航天栏目片头

（3）动画设计。为画面中的各个元素和文本设计动画，如为星球和空间站制作移动的动画，为部分星球同时制作逐渐放大和旋转的动画，为文本制作放大动画，并适当优化动画变化速度。

本例参考效果如图4-6所示。

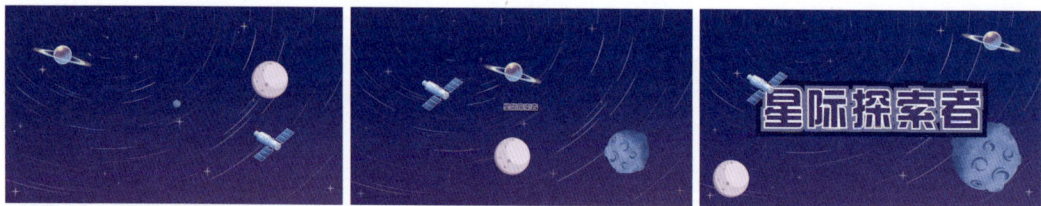

图4-6 航天栏目片头参考效果

设计大讲堂

在制作航天类视频时，通常会以蓝色为主色，代表着宁静、沉稳、深邃和广阔。除此之外，还可以适当添加与航天相关的元素，如星球、星形、空间站等，将其与背景相结合，并合理控制元素的数量和分布，强化航天主题，营造出神秘感。

操作要点详解

操作要点

（1）导入PSD格式素材。

（2）输入文本并调整画面。

（3）利用不同属性的关键帧制作动画。

（4）利用关键帧插值优化动画效果。

4.2.1　导入并调整PSD格式素材

导入PSD格式的航天素材，使其中的航天元素都能独立存在，以便后续为它们制作动画，再适当优化轨道的显示效果。其具体操作如下。

（1）新建"航天栏目片头"项目，进入"编辑"界面，在"项目"面板中单击鼠标右键，在弹出的快捷菜单中选择"导入"命令，打开"导入"对话框，在其中选择"航天元素.psd"素材，单击 打开(O) 按钮。

（2）打开"导入分层文件:航天元素"对话框，设置"导入为"为"序列"、素材尺寸为"文档大小"，单击 确定 按钮，如图4-7所示。

（3）在"项目"面板中可看到导入的素材都放置在"航天元素"素材箱中，展开该素材箱查看素材，如图4-8所示。

图4-7　导入PSD格式素材

图4-8　查看素材

（4）修改"航天元素"序列的名称为"航天栏目片头"，然后双击打开该序列，查看画面，如图4-9所示。

（5）由于视频轨道数过多，因此可把相同元素进行嵌套。选择V6～V15轨道中的所有内容，然后单击鼠标右键，在弹出的快捷菜单中选择"嵌套"命令，打开"嵌套序列名称"对话框，设置名称为"星形"，单击 确定 按钮。嵌套后的效果如图4-10所示。

图4-9　查看画面

图4-10　嵌套序列效果

4.2.2 添加文本并调整画面

微课视频

添加文本并调整
画面

在画面中间输入栏目名称文本，并制作多重描边来美化文本，文本颜色可采用与背景相似的色彩，然后第一层描边采用对比较为明显的白色，后两层描边再采用逐渐变深的蓝色，以加强受众的视觉印象。接着调整各个航天元素在画面中的位置和大小等，将栏目名称与元素融合，使整体画面更加均衡。其具体操作如下。

（1）选择"文字工具" T，在画面中间输入"星际探索者"文本，然后在"效果控件"面板中设置字体为"方正汉真广标简体"、字体大小为"220"，字距调整为"130"。

（2）设置文本填充颜色为"#5744C5"、描边颜色为"#FFFFFF"、描边宽度为"8.0"；然后单击"向此图层添加描边"按钮 ，设置新的描边颜色为"#748AD2"、描边宽度为"24.0"；再添加新的描边，并设置描边颜色为"#152780"、描边宽度为"50.0"，如图4-11所示。文本效果如图4-12所示。

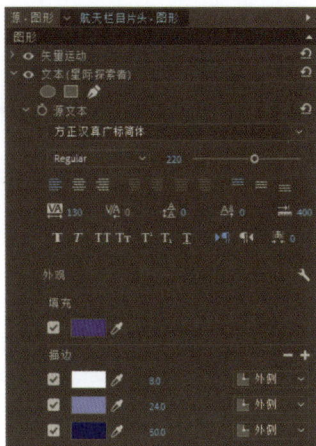

图4-11　设置文本样式　　　　　　　　　图4-12　文本效果

（3）在"时间轴"面板中选择"紫色星球/航天元素.psd"素材，然后在"效果控件"面板中设置位置为"897.0,577.0"，如图4-13所示。接着设置"蓝色星球/航天元素.psd"素材的位置为"827.0,468.0"、缩放为"120.0"；设置"发光星球/航天元素.psd"素材的位置为"755.0,655.0"、缩放为"120.0"；设置"空间站/航天元素.psd"素材的位置为"1244.0,853.0"、缩放为"122.0"。

操作小贴士

除了通过在"效果控件"面板中设置位置、缩放、旋转和锚点参数外，还可以单击素材的某个参数，"节目"面板中的该素材周围将出现一个边界框，通过拖曳素材或边界框周围的控制点来进行调整。

（4）由于"空间站/航天元素.psd"素材要与文本部分重合，可调整该素材至V8轨道，然后将V6和V7轨道中的内容移至V5和V6轨道中，再将"空间站/航天元素.psd"素材移至V7轨道中，调整后的画面效果如图4-14所示。

图4-13　调整紫色星球航天元素的位置

图4-14　调整后的画面效果

4.2.3　创建并编辑关键帧

利用关键帧分别为各个航天元素以及文本设计动画效果，通过动画吸引受众注意力、强化主题氛围。其具体操作如下。

（1）在"时间轴"面板中双击打开"星形"嵌套序列，按【Ctrl+A】组合键选择所有素材，然后统一调整出点至00:00:06:00处。

（2）选择V1轨道中的"星形10/航天元素.psd"素材，在"效果控件"面板中展开"不透明度"栏，单击其中的"不透明度"属性左侧的"切换动画"按钮，使其呈选中状态，以开启关键帧。将播放指示器移至00:00:01:00处，设置不透明度为"0.0%"，自动添加关键帧，如图4-15所示。

（3）框选两个关键帧，按【Ctrl+C】组合键复制，将播放指示器移至00:00:02:00处，按【Ctrl+V】组合键粘贴，再使用类似的方法在00:00:04:00和00:00:06:00处粘贴关键帧，如图4-16所示，制作星形不断闪烁的动画效果。

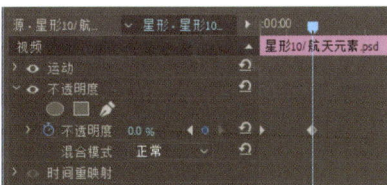

图4-15　添加关键帧

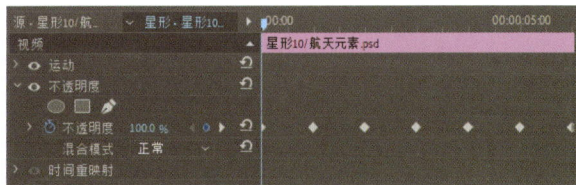

图4-16　复制并粘贴关键帧

（4）在"效果控件"面板中单击"不透明度"栏，按【Ctrl+C】组合键复制，然后在"时间轴"面板中选择V2轨道中的"星形1/航天元素.psd"素材，按【Ctrl+V】组合键，可直接粘贴不透明度中的所有关键帧。使用类似的方法为其他轨道中的星形素材粘贴关键帧，画面中星形闪烁的效果如图4-17所示。

图4-17　星形闪烁的效果

（5）返回"航天栏目片头"序列，调整所有轨道中素材的出点至00:00:06:00处。为便于预览效果，单击除了V1和V2轨道外所有轨道左侧的"切换轨道输出"按钮◉，使其呈选中状态◉，隐藏对应轨道中的内容。

（6）选择"紫色星球/航天元素.psd"素材，将播放指示器移至00:00:05:00处，在"效果控件"面板中单击"位置"属性左侧的"切换动画"按钮◉，然后将播放指示器移至00:00:00:00处，设置位置为"2306.0,−61.0"，将该素材移至画面右上角。

（7）将播放指示器移至00:00:02:15处，设置位置为"1855.6,391.5"，将"紫色星球/航天元素.psd"素材移至画面中下方的位置，如图4-18所示，使其从画面右上角移动至画面中下方，再移动至画面左下方。

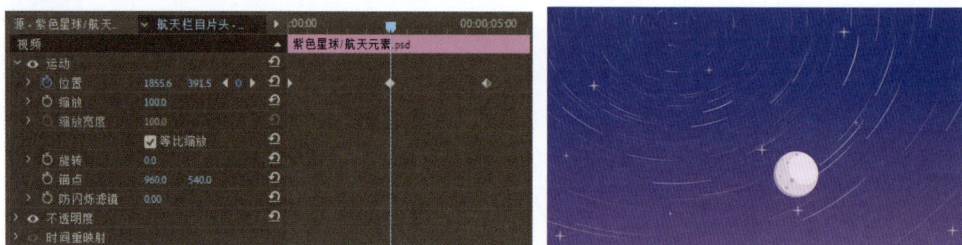

图4-18　调整位置

（8）单击V3轨道左侧的"切换轨道输出"按钮◉显示轨道内容，选择该轨道中的素材，在"效果控件"面板中单击"锚点"属性，将鼠标指针移至画面中心的锚点处，当鼠标指针变为▣形状时，按住鼠标左键不放并拖曳至蓝色星球的中心处，如图4-19所示，然后释放鼠标左键。

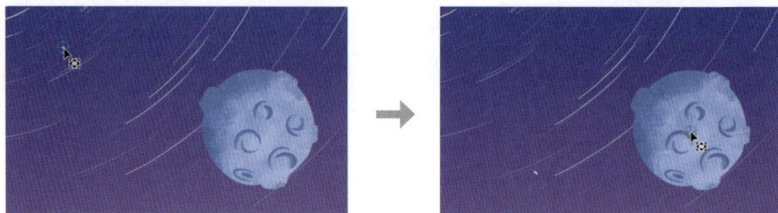

图4-19　修改锚点位置

操作小贴士

　　由于在导入PSD格式素材时是以"序列"形式导入的，其中每个元素素材的锚点都在画面中间，而若要缩放或旋转某个素材，其基准点都是锚点，而非元素本身的中心，因此，制作人员可根据需求自行调整锚点的位置。

（9）将播放指示器移至00:00:05:00处，在"效果控件"面板中依次单击"位置""缩放""旋转"属性左侧的"切换动画"按钮 🕚，然后将播放指示器移至00:00:00:00处，分别设置位置、缩放和旋转为"772.1,457.6""0.0""300°"。蓝色星球的动画效果如图4-20所示。

图4-20　蓝色星球的动画效果

（10）显示V4轨道中的内容，选择"发光星球/航天元素.psd"素材，在00:00:05:00处开启"位置"属性的关键帧，然后分别在00:00:00:00和00:00:02:15处设置位置为"-641.4,707.1""-220.7,879.1"，使其由画面左上方移动至右上方。

（11）显示V7轨道中的内容，选择"空间站/航天元素.psd"素材，在00:00:05:00处开启"位置"属性的关键帧，然后分别在00:00:00:00和00:00:02:15处设置位置为"2672.0,1262.1""1515.1,934.8"，使其由画面右下方移至文本左上方。

（12）显示V6轨道中的内容，选择文本素材，在00:00:05:00处开启"缩放"属性的关键帧，然后在00:00:03:00处设置缩放为"0.0"。

（13）显示V5轨道中的内容，预览画面，动画效果如图4-21所示。

图4-21　画面中的动画效果

4.2.4　调整关键帧插值并添加背景音乐

完成基础动画的设计后，可继续完善动画效果，如利用关键帧插值来调整文本、蓝色星球、空间站动画的变化速度，最后添加轻快、舒适的背景音乐，增强片头的活力。其具体操作如下。

微课视频

调整关键帧插值
并添加背景音乐

（1）选择文本素材，在"效果控件"面板中单击"缩放"属性左侧的 ▶ 按钮，可看到关键帧图表，将鼠标指针移至右侧的关键帧上方，单击鼠标右键，在弹出的快捷菜单中选择"贝塞尔曲线"命令，下方的控制点上将出现控制柄，向左侧拖曳控制柄使上方的曲线在后期逐渐变缓，同时下方的曲线（代表变化速度）将自动变化，如图4-22所示。

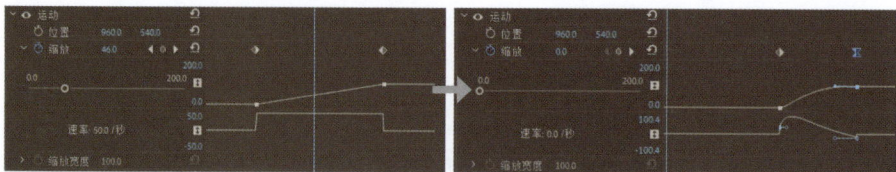

图4-22　调整文本动画的关键帧插值

（2）使用与步骤（1）类似的方法，分别调整"蓝色星球/航天元素.psd"素材和"空间站/航天元素.psd"素材中"位置"属性的关键帧插值，使动画的变化速率由快到慢，如图4-23所示。

图4-23　修改其他动画的关键帧插值

（3）添加背景音乐到A1轨道中，并调整其出点至00:00:06:00处。

（4）预览航天栏目片头画面效果，如图4-24所示。导出MP4格式的文件，最后按【Ctrl+S】组合键保存文件。

图4-24　航天栏目片头画面效果

设计大讲堂

关键帧插值的作用是优化动画效果，因此在制作一些动画时，可以尽量模拟现实生活中的物体状态，使动画更加真实、生动，如制作球体从上往下掉落的动画时，由于现实世界中的重力因素，随着时间的推移，球体的下落速度将逐渐变快，此时就可以利用关键帧插值来调整掉落动画的变化速率。

4.3　实战案例：制作影视剧片头

案例背景

《羽城故事》是一部现代都市题材影视剧，讲述了在羽城这座现代化大都市中人们的生活、工作和情感故事。现需为该影视剧制作一个片头，具体要求如下。

（1）视频开场具有创意性，能够吸引受众的注意，视频内容需展示与剧情相关的画面，体现该影视剧的主题。

（2）添加相关字幕，包括主创人员信息、影视剧名等，并利用动画使其自然地显现。

（3）视频分辨率为1920像素×1080像素，时长在30秒以内，输出MP4格式的视频。

💡 设计思路

（1）开场设计。视频开始时画面从中间开始向上和向下缓缓展开，逐渐展现城市画面，增强动态感和空间感，让受众快速理解影视剧的设定和背景。

（2）变速视频设计。在视频播放期间，为了展现主创人员信息，使这些元素更加醒目和突出，可选取部分片段放慢播放速度，当展现结束后再恢复视频原速度。

效果预览

影视剧片头

（3）字幕动画设计。展现主创人员信息的字幕时，可以采用从下往上移动并逐渐显示的动画，确保这些信息清晰、有序地呈现；影视剧名字幕可以从左往右依次显现，符合受众的观看习惯，同时也能加深受众的印象，最后影视剧名字幕逐渐淡出，自然地过渡到影视剧正片内容。

本例参考效果如图4-25所示。

图4-25　影视剧片头参考效果

操作要点详解

🔲 操作要点

（1）利用时间重映射制作变速视频。

（2）利用"变换"效果组的"裁剪"效果制作开场视频并利用关键帧制作动画效果。

（3）添加文本信息并制作字幕动画。

微课视频

4.3.1　制作变速视频

利用时间重映射中的"速度"属性，在每个视频片段的后一秒中制作出慢速播放效果，并将慢放片段作为后续字幕出现的画面背景。其具体操作如下。

制作变速视频

（1）新建"影视剧片头"项目，导入所有素材。拖曳"立交桥.mp4"素材至"时间轴"面板，基于该素材创建序列，并修改该序列名称为"影视剧片头"。

（2）选择"时间轴"面板中的素材，在"效果控件"面板中展开"时间重映射"栏，将播放指示器移至00:00:02:00处，单击"速度"属性右侧的"添加/移除关键帧"按钮🔘，添加关键帧。然后将播放指示器移至00:00:03:00处，继续添加关键帧。

（3）将播放指示器移至00:00:04:00处，然后将鼠标指针移至两个关键帧之间的线段（代表播放速度）上，当鼠标指针变为▶状态时，按住鼠标左键并向下拖曳，直至右侧的关键帧位于播放指示器位置时释放鼠标左键，如图4-26所示，使这段视频的播放速度变慢。

图4-26　调整第2秒到第3秒之间的播放速度

（4）使用与步骤（2）、步骤（3）类似的方法，先在00:00:07:00和00:00:08:00处添加关键帧，再通过拖曳线段的方式将右侧的关键帧调整至00:00:09:00处，如图4-27所示。

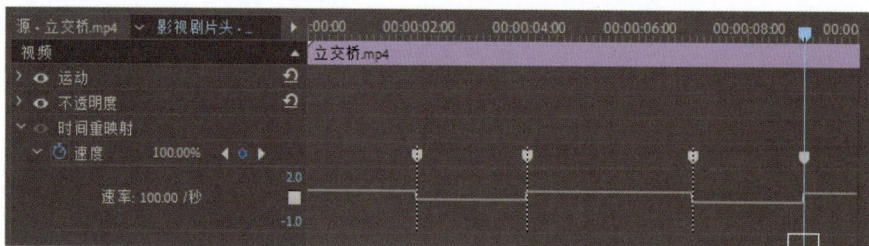

图4-27　调整第7秒到第8秒之间的播放速度

（5）调整"立交桥.mp4"素材的出点至00:00:10:00处，然后依次添加"工作.mp4""舞者.mp4"素材，并使用与步骤（2）、步骤（3）类似的方法，调整素材的第2秒到第3秒之间的播放速度，再调整单个素材的总时长为5秒。

（6）添加"城市.mp4"和"背景音乐.mp3"素材，并调整出点至00:00:26:00，如图4-28所示。

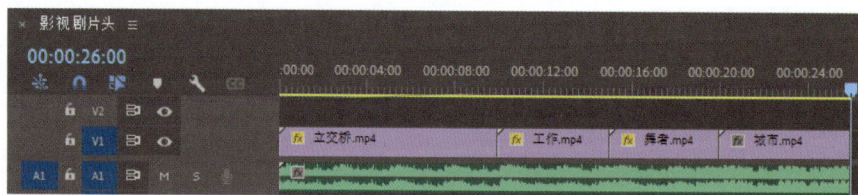

图4-28　添加素材并调整出点

4.3.2 制作画面逐渐展开的动画

利用"变换"效果组中的"裁剪"效果以及关键帧制作画面逐渐展开的动画效果，提升观看体验；再利用关键帧插值使动画变化速度由快变慢，增加动画的层次感。其具体操作如下。

（1）在"时间轴"面板中选择"立交桥.mp4"素材，在"效果"面板中依次展开"视频效果""变换"文件夹，双击"裁剪"效果进行应用。

（2）在"效果控件"面板中展开"裁剪"栏，将播放指示器移至00:00:01:00处，开启"顶

微课视频

制作画面逐渐
展开的动画

部"和"底部"属性的关键帧,然后将播放指示器移至00:00:00:00处,设置顶部和底部均为"50.0%"。

(3)分别单击"顶部"和"底部"属性左侧的▶按钮,设置左侧的关键帧插值为"贝塞尔曲线",然后拖曳下方控制点的控制柄,使变化速度由快变慢,如图4-29所示。画面逐渐展开的动画效果如图4-30所示。

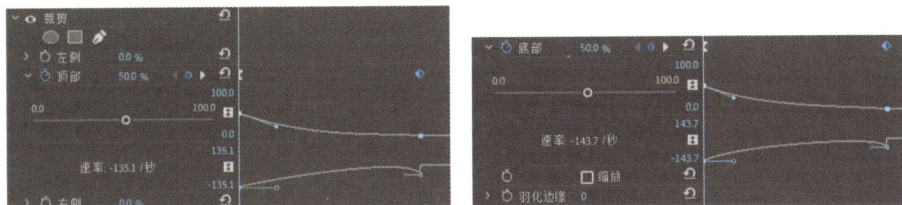

图4-29 调整关键帧插值

图4-30 画面逐渐展开的动画效果

4.3.3 添加字幕并制作动画

利用"不透明度"和"位置"属性的关键帧为主创人员信息字幕制作渐显动画,然后利用"裁剪"效果为影视剧名的字幕制作从左至右逐渐显示的动画,再使其逐渐淡出画面。其具体操作如下。

微课视频

添加字幕并制作
动画

(1)将播放指示器移至00:00:01:20处,选择"文字工具"▧,在画面中间输入"导演:黄石艺 监制:陈澈"文字,文本样式设置如图4-31所示。勾选"投影"复选框,其他保持默认设置,文本效果如图4-32所示,调整文本出点至00:00:05:00处。

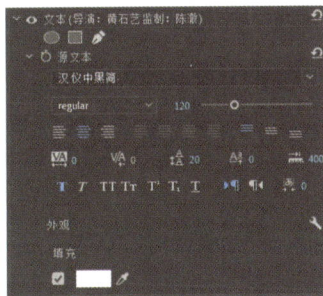

图4-31 设置文本样式

图4-32 文本效果

(2)保持文本的选中状态,将播放指示器移至00:00:03:00处,在"效果控件"面板中开启"位置"和"不透明度"属性的关键帧,然后将播放指示器移至00:00:01:20处,将文本向下适当移动，参考参数为"960.0,665.0"，再设置不透明度为"0.0%"。文本的动画效果如图4-33所示。

图4-33　文本的动画效果

（3）在"时间轴"面板中将鼠标指针移至文本素材上，按住【Alt】键不放，按住鼠标左键不放并向右拖曳进行复制，然后重复两次复制操作，并修改复制文本素材中的内容为"名单.txt"素材中的内容，同时适当调整4个文本的位置，使其位于画面中间。

（4）将复制的3个文本素材的出点依次对齐"立交桥.mp4""工作.mp4""舞者.mp4"素材的出点，如图4-34所示，其他文本的动画效果如图4-35所示。

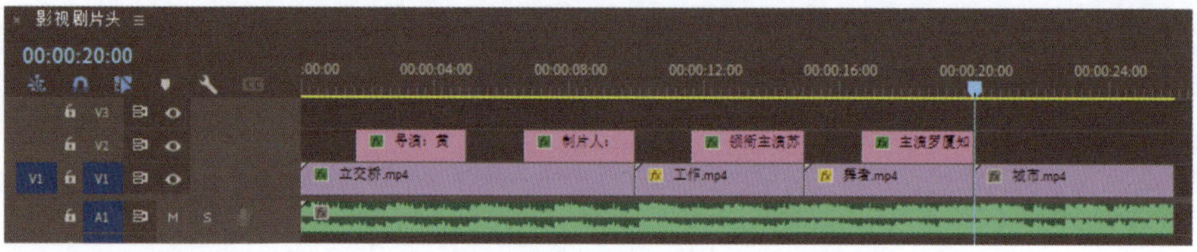

图4-34　调整复制的3个文本素材的出点

图4-35　其他文本的动画效果

（5）拖曳"羽城故事.png"素材至V2轨道，并使其出点与"城市.mp4"素材的出点对齐。为"羽城故事.png"素材应用"裁剪"效果，并为"右侧"属性分别在00:00:21:01和00:00:23:00处添加值为"100.0%""0.0%"的关键帧，再为"不透明度"属性分别在00:00:25:00和00:00:26:00处添加值为"100.0%""0.0%"的关键帧，如图4-36所示。

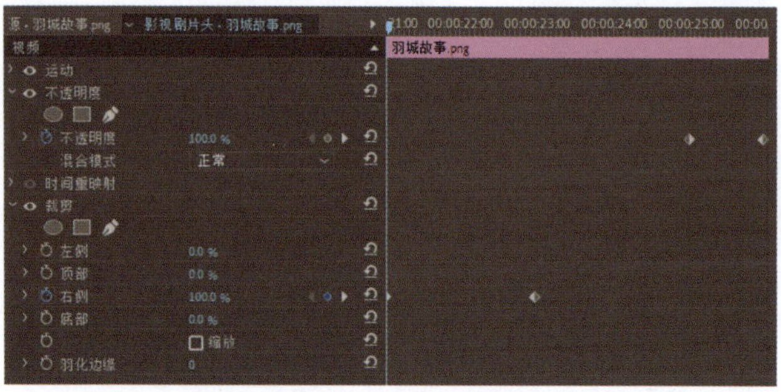

图4-36　添加关键帧

（6）影视剧名的动画效果如图4-37所示。导出MP4格式的文件，最后按【Ctrl+S】组合键保存文件。

图4-37 影视剧名的动画效果

4.4 实战案例：制作美食栏目转场动画

案例背景

某美食栏目以其烹饪技巧和丰富的美食文化深受受众喜爱，为了提升栏目的观赏性，现需要设计一个独特的转场动画，衔接栏目中的不同环节，具体要求如下。

（1）动画流畅、自然，具有吸引力，需添加与美食相关的装饰元素。

（2）转场动画的色彩要与美食栏目的主题相契合。

（3）视频分辨率为1920像素×1080像素，时长在8秒左右，输出MP4格式的视频。

设计思路

（1）色彩设计。选择橙色、红色等暖色调的色彩作为主色，除了能带来温暖、舒适的感觉，还能激发受众的食欲。

（2）动画设计。为多个不同色彩的矩形和圆形制作不断变换的动画效果，加强视觉冲击力，同时插入文本和元素的渐显动画，使转场动画更流畅。

（3）文本设计。添加醒目的文本"稍后更加精彩"作为提示，字体大小适中，颜色鲜明，易于辨识。

本例参考效果如图4-38所示。

效果预览

美食栏目转场
动画

图4-38 美食栏目转场动画参考效果

操作要点

操作要点详解

（1）使用形状工具组绘制多个图形，并利用"基本图形"面板进行编辑。

（2）利用关键帧为图形制作动画。

（3）应用动态图形模板并调整文本。

4.4.1 绘制并调整图形

微课视频

绘制并调整图形

采用变化的矩形和正圆作为转场动画的主要元素，先绘制一个与画面等大的矩形，然后复制两次并调整色彩，接着在画面中心绘制不同色彩的正圆，确保它们在视觉上既统一又富有变化。其具体操作如下。

（1）新建"美食栏目转场动画"项目，导入所有素材。新建分辨率为"1920像素×1080像素"、时基为"25帧/秒"、名称为"美食栏目转场动画"的序列。

（2）选择"矩形工具" ▣，将鼠标指针移至画面左上角，按住鼠标左键不放并拖曳鼠标指针至画面右下角，绘制一个与画面等大的矩形。若是大小有误，可直接在"基本图形"面板的"编辑"选项卡中修改宽和高，再设置填充颜色为"#FFB064"，如图4-39所示，矩形效果如图4-40所示。

（3）在"基本图形"面板的"编辑"选项卡中，在上方图层管理区中的"形状01"图层上单击鼠标右键，在弹出的快捷菜单中选择"重命名"命令，修改图层名称为"橙色"，按【Enter】键完成修改。

（4）在图层管理区中保持"橙色"图层的选中状态，按【Ctrl+C】组合键复制，然后按两次【Ctrl+V】组合键粘贴，依次修改复制的矩形的填充颜色为"#FFF88A""#FF8A72"，图层名称分别设置为"黄色""红橙色"，如图4-41所示。

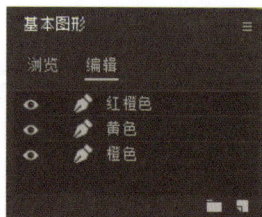

图4-39　调整矩形参数　　　　图4-40　查看矩形效果　　　　图4-41　复制的矩形的图层名称

（5）将播放指示器移至00:00:03:00处，选择"椭圆工具" ◯，按住【Shift】键的同时在画面中心画一个正圆，并设置颜色为"#FF8383"，效果如图4-42所示。使用与步骤（4）类似的方法复制两个正圆，依次修改复制的圆形的填充颜色为"#FFFFFF""#FFB064"，设置图层名称，如图4-43所示。

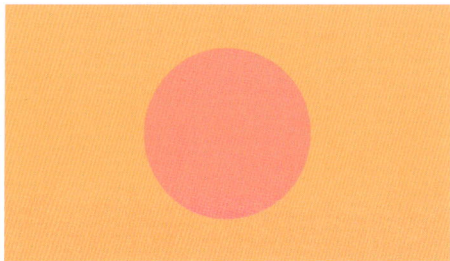

图4-42　绘制圆形并设置颜色

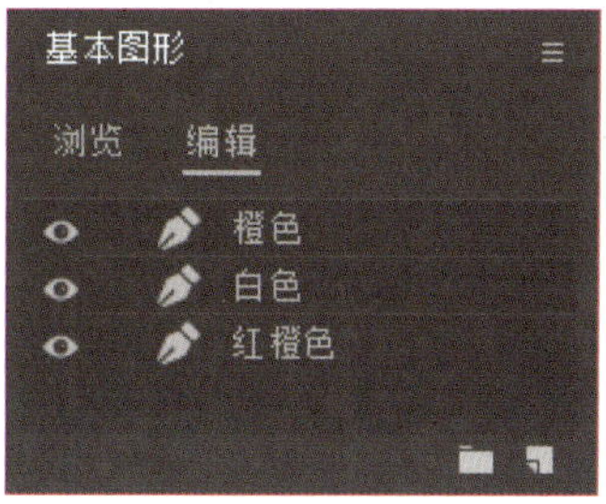

图4-43　复制的圆形的图层名称

操作小贴士

使用形状工具组时，若是在选中某个图形的情况下绘制新图形，则该图形将与选中图形存放在一起，在“时间轴”面板中显示为一个图形素材；若是需要绘制独立存在的图形，可在未选择任何图形的情况下绘制，或在“基本图形”面板的图层管理区中单击“新建图层”按钮，然后在弹出的下拉菜单中选择相应的命令来创建图形。

4.4.2 制作关键帧动画

微课视频

制作关键帧动画

利用“缩放”属性和关键帧分别为各个矩形和圆形制作动画，再添加与美食相关的装饰元素，并使其随着最后一个圆形的放大而出现，以引起受众注意，同时点明栏目主题。其具体操作如下。

（1）选择矩形图形（3个矩形都在同一个图形中），在“效果控件”面板中依次展开“形状(红橙色)”“变换”栏，单击“锚点”属性，然后在“节目”面板中将锚点移至画面左边界的中心处，如图4-44所示，使该矩形在缩放时以该点为基准点。

（2）在“效果控件”面板中取消勾选“等比缩放”复选框，然后开启“水平缩放”属性的关键帧，再将播放指示器移至00:00:01:00处，设置水平缩放为“0”，如图4-45所示。

图4-44　调整锚点位置

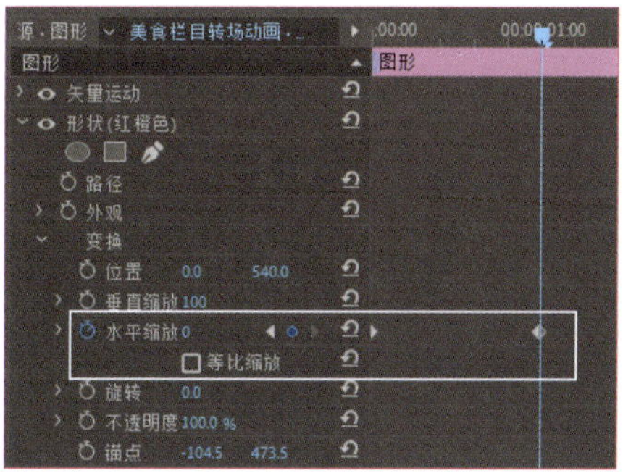

图4-45　添加关键帧

（3）使用与步骤（1）、步骤（2）类似的方法，先调整黄色矩形的锚点位置，然后分别在00:00:01:00和00:00:02:00处为“水平缩放”属性添加关键帧，矩形的动画效果如图4-46所示。

图4-46　矩形的动画效果

（4）依次为3个圆形添加"缩放"属性的关键帧，参考时间点如图4-47所示，并在第一个关键帧处设置缩放为"0"，在第二个关键帧处设置缩放为"317"（使圆形能够完全覆盖画面）。

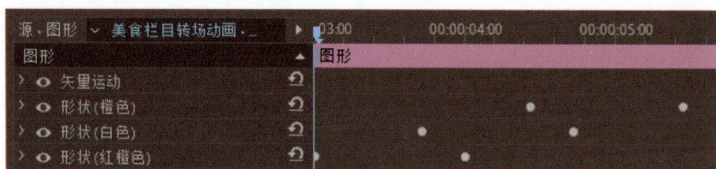

图4-47　添加"缩放"属性的关键帧

（5）拖曳"美食.png"素材至V3轨道的00:00:04:19处，调整该素材和圆形图形的出点至00:00:07:05处。分别为"美食.png"素材在00:00:04:19和00:00:05:19处添加缩放为"0.0""457.0"的关键帧。圆形及装饰元素的动画效果如图4-48所示。

图4-48　圆形及装饰元素的动画效果

4.4.3 应用动态图形模板

利用动态图形模板先制作一个文本显示和消失的动画，继续利用模板在动画结尾处为进入栏目内容制作一个过渡动画，再适当调整模板中的色彩等，使其与前面的动画相呼应。其具体操作如下。

微课视频

应用动态图形模板

（1）新建V4轨道，在"基本图形"面板的"浏览"选项卡中找到"现代标题"模板，然后将其拖曳至V4轨道中，调整其入点和出点分别为"00:00:01:17""00:00:04:19"，再将其向下平移至V3轨道中。

（2）在"基本图形"面板中删除两个"剪辑"图层，在"节目"面板中双击"此处输入您的标题"文本，修改文本为"稍后更加精彩"，设置填充颜色为"#FFFFFF"，适当调整文本的位置和样式，如图4-49所示。修改下方的文本为"别走开"，同样调整文本的位置和样式，设置填充颜色为"#FFB064"，效果如图4-50所示，动画效果如图4-51所示。

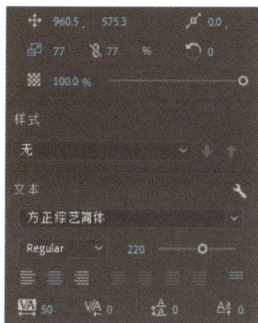

图4-49 调整文本位置和样式

图4-50 调整后的效果

图4-51 动画效果

（3）在"基本图形"面板的"浏览"选项卡中找到"运动过渡"模板，然后将其拖曳至V4轨道中，调整其入点和出点分别为"00:00:06:07""00:00:08:00"，然后在"基本图形"面板中设置次颜色为"#FF7F7F"，过渡效果如图4-52所示。

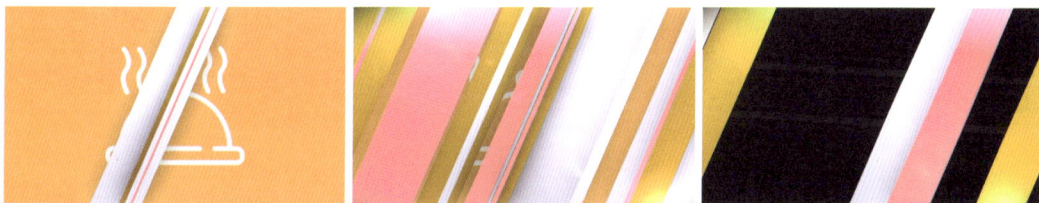

图4-52 过渡效果

（4）导出MP4格式的文件，最后按【Ctrl+S】组合键保存文件。

4.5 拓展训练

实训 1 制作传统文化栏目片头

实训要求

（1）为《诗意人生》传统文化栏目制作片头，激发受众对传统文化的兴趣与好奇，并对后续栏目内容的介绍和解读产生期待。

（2）视频分辨率为1280像素×720像素，时长在10秒左右。

（3）画面采用传统的山水画为背景，营造出浓厚的国风氛围。

（4）通过流畅、自然的动画来吸引观众的注意力。

操作思路

（1）添加背景素材，利用"不透明度"属性的关键帧制作渐显动画，使画面逐渐淡入，营造一种神秘的氛围。

（2）添加小船素材到画面左下角，利用"不透明度"属性的关键帧使其逐渐出现，再利用"位置"属性的关键帧制作移动动画，使其顺着河流漂流至画面右侧，以增强画面的视觉表现力。

效果预览

传统文化栏目
片头

（3）添加小鸟素材至画面两侧，利用"位置"属性的关键帧分别为其制作移动动画，使其看起来像飞入画面中一样，再利用关键帧插值优化小船和小鸟的动画效果。

（4）添加云雾素材并制作渐显动画，输入栏目名称并为其制作渐显并放大的动画效果，以吸引受众视线。

具体制作过程如图4-53所示。

①制作背景画面渐显动画

②制作小船动画和小鸟动画并调整关键帧插值

③输入文本并制作云雾和文本动画

图4-53 传统文化栏目片头制作过程

实训 2　制作影视剧片尾

实训要求

（1）为某影视剧制作片尾，展示演员表、参演人员、工作人员等信息。

（2）视频分辨率为1280像素×720像素，时长在12秒左右。

（3）利用提供的视频为画面进行创意性设计。

（4）文本信息在画面中以流畅、自然的方式滚动出现。

操作思路

（1）新建一个黑场视频作为背景，然后添加视频素材和背景音乐，适当慢放视频素材，再调整统一的出点。

（2）应用"变换"效果组中的"裁剪"效果，为画面制作从中间向上下展开的动画效果，使其由影视剧的内容缓慢过渡到片尾。

（3）利用"位置"和"缩放"属性的关键帧为视频素材制作动画，使其位于画面左侧，为右侧的文本动画留出空间。

（4）输入文本信息并调整文本样式，然后利用"位置"属性的关键帧制作从下至上的移动动画，使文本在画面中滚动出现。

效果预览

影视剧片尾

具体制作过程如图4-54所示。

①新建、添加并调整素材

②为视频制作裁剪、缩放及移动动画

③输入文本并制作移动动画

图4-54　影视剧片尾制作过程

实训 3　制作科普栏目预告片

实训要求

（1）为《探索奥秘》科普栏目制作预告片，引起受众对下一期"中药"主题的兴趣。

（2）视频分辨率为1920像素×1080像素，时长在20秒左右。

（3）制作开场动画，采用符合"中药"主题的色彩，并添加"下期预告"文本提示受众。

（4）展示与中药相关的视频画面，并添加带有疑问的字幕来激发受众的好奇心。

操作思路

（1）绘制一个矩形，调整锚点位置至画面上方，然后利用"缩放"属性的关键帧制作从上往下逐渐展开的动画。

（2）绘制一个正圆，为其添加描边，利用"缩放"属性的关键帧制作逐渐放大的动画，使其作为文本背景。

（3）输入"下期预告"文字，采用具有古风韵味的字体，利用"不透明度"属性的关键帧制作渐显动画。

效果预览

科普栏目预告片

（4）添加视频素材，剪辑有关中药的多个片段，并适当调整播放速度。

（5）添加动态图形模板，调整文本样式，然后复制多个模板，修改文本内容并分别调整其入点和出点。

具体制作过程如图4-55所示。

①制作开场动画

②剪辑视频片段并调整播放速度

③添加动态图形模板并调整文本

图4-55　科普栏目预告片制作过程

4.6　AI辅助设计

文心一格　生成艺术字

文心一格是百度依托飞桨、文心大模型的技术创新推出的AI艺术和创意辅助平台，面向有设计需求和创意的人群。文心一格基于文心大模型智能生成多样化AI创意图片，辅助创意设计。在视频编辑领域，文心一格可以理解并解读制作人员输入的文字描述，然后根据这些描述生成与之匹配的艺术字。例如，使用文心一格为"琴"字生成艺术字，使其作为某传统文化栏目包装中的装饰元素。

使用方式：生成艺术字

使用方式：输入文字→设置字体布局→输入字体创意→设置影响比重→设置比例→设置数量→生成艺术字→调整效果→下载文件

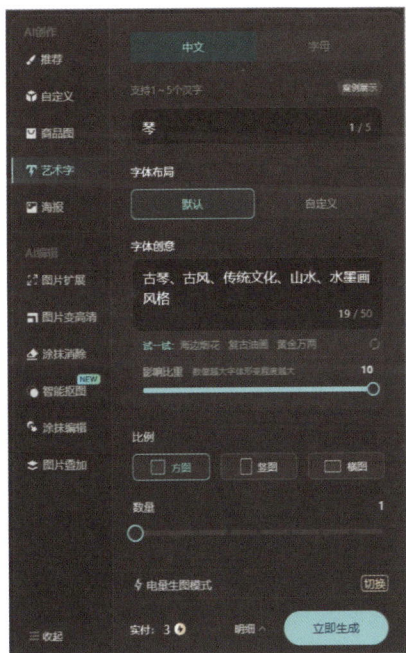

生成艺术字之后，制作人员还可以利用图片扩展、涂抹消除、涂抹编辑、图片叠加等功能调整艺术字效果。通过文心一格的帮助，制作人员可以不再花费大量时间寻找合适的字体或手动调整字体效果。另外，文心一格还具有文生图、图生图、一键消除或修复等功能，可以为视频画面添加合适的视觉元素，提升视频的质量。

网易天音　生成音乐

　　网易天音是网易推出的一站式AI音乐创作平台，它提供了一键写歌的功能，可以一键完成词曲编唱的创作过程。它还支持单独的AI编曲和AI作词功能，旨在提供便捷、高效的音乐创作体验。在视频编辑领域，网易天音可以帮助制作人员根据视频的内容和风格，定制专属音乐。例如，使用网易天音以"琴棋书画""传统文化"为关键词，生成一首国风风格的歌曲，将其用于有关传统文化的栏目包装中。

使用方式：一键写歌

　　使用方式：输入灵感 → 设置段落结构 → 选择音乐类型 → AI写歌 → 调整歌词/音乐效果 → 下载文件

　　主要参数：关键词灵感、段落结构、音乐类型、AI人声、AI伴奏等

　　关键词灵感：琴棋书画、传统文化

　　段落结构：全曲模式

　　音乐类型：国风

　　AI人声：言泽宇

　　AI伴奏：仙剑赋

　　示例效果：

网易天音可以在短时间内生成制作人员所需要的音乐，这不仅大大节省了制作人员寻找和筛选音乐素材的时间，还可以让制作人员为视频增添多元化的音乐元素。

拓展训练

请参考上文提供的文心一格和网易天音的使用方法，为以"青春"为主题的《晨光》电影生成一首片尾曲，并将电影名称设计为艺术字，提升对文心一言和网易天音的应用能力。

4.7 课后练习

1. 填空题

（1）_____是指为了宣传和推广即将上映的影视剧或即将上线的栏目等影视作品而制作的视频，其目的是吸引受众的关注、激发受众兴趣。

（2）导入PSD格式的素材时，若是选择以"序列"形式导入，素材中的所有图层都将存放在一个与其同名的_____中。

（3）调整_____可以优化关键帧动画的变化效果。

（4）使用文心一格生成艺术字时，制作人员可以选择的比例有_____、_____和_____。

2. 选择题

（1）【单选】若要制作烟雾从左侧移动到右侧的动画，需要为烟雾的（　　）属性添加关键帧。

　　A. "位置"　　　　　B. "缩放"　　　　　C. "旋转"　　　　　D. "锚点"

（2）【单选】动态图形模板需要在（　　）面板中选择。

　　A. "效果控件"　　B. "基本图形"　　C. "时间轴"　　　D. "项目"

（3）【多选】网易天音的主要功能有（　　）。

　　A. 一键写歌　　　B. AI写词　　　C. AI编曲　　　D. 音乐推荐

（4）【多选】在同一个项目的影视包装中，（　　）等元素通常是固定不变的，以保持一致性。

　　A. 栏目Logo　　　B. 音效　　　C. 影视剧名　　　D. 宣传语

（5）【多选】要实现图4-56所示的动画效果，需要为（　　）属性添加关键帧。

图4-56　动画效果

A. "位置"　　　　　B. "缩放"　　　　　C. "不透明度"　　　　　D. "锚点"

3. 操作题

（1）为《朝暮新闻》栏目制作一个片头，要求在其中体现出栏目客观、公正的定位，加深受众对该栏目的印象，在片头最后显示栏目名称，参考效果如图4-57所示。

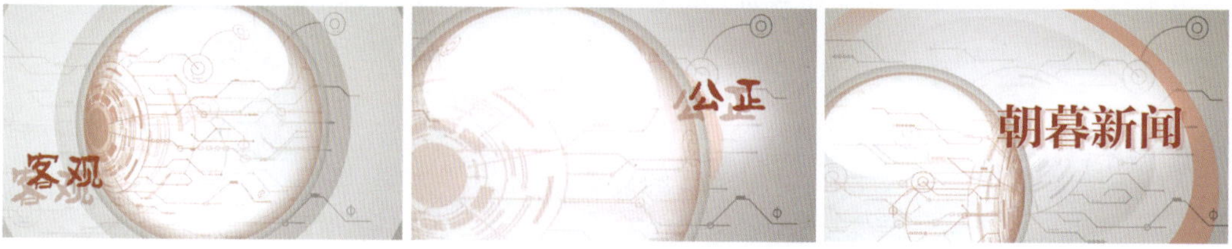

图4-57　新闻栏目片头参考效果

（2）为某音乐栏目设计一个转场动画，以强化栏目特色，要求画面富有创意和节奏感，并添加音乐元素，参考效果如图4-58所示。

图4-58　音乐栏目转场动画参考效果

（3）使用文心一格为"棋""书""画"文字生成艺术字，用作某传统文化栏目包装中的装饰元素。要求融入一些传统元素，营造传统文化的氛围，参考效果如图4-59所示。

图4-59　生成艺术字的效果

Pr

第 **5** 章

影视特效制作

在数字技术的浪潮下，影视特效行业正以前所未有的速度快速发展。影视特效是指在影视中人工制造出来的假象和幻觉，它跳出传统的思维模式，为制作人员提供了无限的想象空间，同时也赋予了影视作品无限可能，能为受众带来震撼的视觉效果。

学习目标

▶ **知识目标**

◎ 了解影视特效的类型。
◎ 掌握影视特效的制作要点。

▶ **技能目标**

◎ 能够使用 Premiere 制作场景、文本特效。
◎ 能够借助 AI 工具生成特效图像和特效视频。

▶ **素养目标**

◎ 通过学习和实践，不断提升自己的特效制作水平。
◎ 培养敏锐的观察力，善于分析和吸取优秀的特效制作技巧。

学习引导

STEP 1 相关知识学习 建议学时：___1___学时

课前预习
1. 扫码了解影视特效及影视特效的发展历程与未来展望，建立对影视特效的基本认识
2. 网络搜索影视特效案例，通过欣赏影视特效作品激发对制作影视特效的兴趣

课前预习

课堂讲解
1. 影视特效的类型
2. 影视特效的制作要点

重点难点
1. 学习重点：不同影视特效的制作方式和特点
2. 学习难点：注重影视特效的画面和细节

STEP 2 案例实践操作 建议学时：___2___学时

实战案例
1. 制作雷雨场景特效
2. 制作电影文本特效

操作要点
1. "色阶""波形变形"效果、混合模式的应用
2. "轨道遮罩键"斜面Alpha""Brightness&Contrast""高斯模糊""粗糙边缘""色彩"效果的应用

案例欣赏

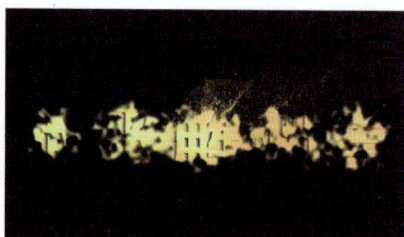

STEP 3 技能巩固与提升 建议学时：___3___学时

拓展训练
1. 制作光线特效
2. 制作赛博朋克场景特效

AI辅助设计
1. 使用通义万相生成特效图像
2. 使用WHEE生成特效视频

课后练习
通过填空题、选择题和操作题巩固理论知识，提升设计能力与实操能力

5.1 行业知识：影视特效制作基础

影视特效也被称为特技效果，它是影视作品的重要组成部分，可以提高画面的质量和效果，增强剧情的氛围和感染力。同时，利用影视特效不仅可以避免演员和工作人员处于危险的境地，还可以通过计算机合成、数字替身、虚拟摄影等方式，减少实景拍摄的需求和难度，节省人力、物力、时间等资源。

5.1.1 影视特效的类型

影视特效不仅为影视作品增添了独特的魅力，还极大地丰富了受众的视觉体验。不同的影视特效具有不同的特点和应用场景。影视特效的类型主要如下。

● **物理模拟特效**。物理模拟特效主要基于物理学原理，通过模拟真实世界中的物理现象来创造特效，包括粒子模拟（如烟雾、火焰等）、刚体动力学模拟（如物体之间的碰撞、摩擦等）、液体模拟（如波浪、水花等）以及光线模拟（如光线的传播、折射、反射等）。这类特效能够增加场景的生动感和真实感，提升作品的视觉冲击力。图5-1所示为模拟的水花特效。

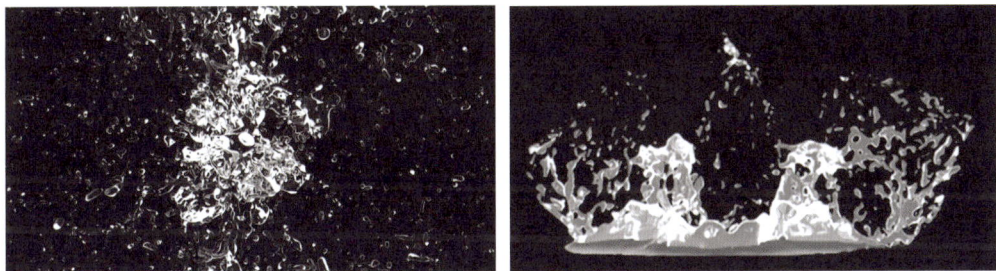

图5-1 水花特效

● **合成特效**。合成特效是指将各种元素通过数字技术融合到一起，形成最终画面，创造出全新的视觉效果。图5-2所示为应用合成特效的前后对比效果。

图5-2 应用合成特效的前后对比效果

● **实景特效**。实景特效是指通过实景布景及物理效果实现影视作品中的特殊场景和画面。这种特效强调真实感和沉浸感，使受众能够身临其境地感受到影片中的环境和氛围。实景特效的关键在于良好的设计和制作工艺，通过搭建真实的场景、使用逼真的道具等，营造出令人信服的视觉效果。图5-3所示为结合实景制作的爆炸特效。

图5-3　结合实景制作的爆炸特效

- **三维特效**。三维特效是利用三维软件和计算机技术制作的特效，包括三维建模、动画等，这种特效可以创造出逼真的虚拟世界和角色，为受众带来震撼的视觉效果。三维特效具有高度的可控性和灵活性，可以制作出各种复杂的场景和角色，如通过调整灯光、材质、动画等的参数，可以实现不同的视觉效果和风格。图5-4所示为电影《长安三万里》中的三维特效。

图5-4　电影《长安三万里》中的三维特效

5.1.2　影视特效的制作要点

在Premiere中主要可制作物理模拟特效和合成特效，为确保影视特效的制作效果达到预期，在制作时要注意以下要点。

- **充分理解剧本与导演意图**。制作人员在制作特效前，需要深入理解剧本，了解故事情节、人物性格和情感变化等，以确保特效能够符合导演的创作意图，从而增强作品的情感表达和整体效果。
- **具有可信度**。在制作一些符合现实逻辑的特效时，应使其看起来尽量真实可信，符合受众的视觉预期和物理规律。
- **画面和谐**。影视特效应与整体剧情或场景风格相协调，不应过于突兀或脱离整体氛围，确保特效与角色的动作、表情和对话等元素相互呼应，增强整体表现力。
- **细节到位**。注重影视特效的细节处理，如光影效果、纹理质感、运动轨迹等，精细的特效处理能够提升整体视觉体验，使特效更加逼真和生动。

● 结合视听元素。影视特效不仅局限于视觉方面，还需与画面的音效、节奏等紧密配合以增强受众的沉浸感和代入感。

5.2 实战案例：制作雷雨场景特效

案例背景

某悬疑电影需要制作一段紧张刺激的雷雨场景，突出角色的紧张情绪和环境的压迫感，使受众能够身临其境地感受到紧张的氛围。该电影的负责人对雷雨场景特效的要求如下。

（1）特效需要尽可能接近真实的雷雨场景，符合该天气的视觉表现。

（2）结合闪电和下雨的音效，加强氛围感。

（3）视频分辨率为1920像素×1080像素，时长在10秒左右，输出MP4格式的视频。

设计思路

（1）素材选择与画面设计。选择阴天天空的视频素材便于添加闪电特效，由于画面内容需要突出雷雨天的阴暗感和压迫感，因此可以将整体色调调整为雷雨天下的灰暗色调。

（2）视觉特效设计。模拟真实的闪电和下雨场景，营造真实的雷雨天氛围。

（3）音效设计。选择具有清晰的闪电声和下雨声的音效素材，确保音效的音量、音调和节奏都符合真实雷雨天的特点。

本例参考效果如图5-5所示。

效果预览

雷雨场景特效

图5-5　雷雨场景特效参考效果

操作要点

操作要点详解

（1）使用"色阶"效果调整视频色调。

（2）利用混合模式、不透明度和遮罩模拟闪电特效。

（3）结合文本和"波形变形"效果模拟下雨特效。

（4）添加闪电和下雨的音效，并调整闪电的出现时间。

5.2.1 视频素材调色

微课视频

视频素材调色

使用"色阶"效果调整视频素材的色调，使画面更加暗淡、对比更加强烈，营造出阴暗的氛围。其具体操作如下。

（1）新建"雷雨场景特效"项目，导入所有素材。基于"阴天天空.mp4"素材创建序列，并修改序列名称为"雷雨场景特效"。

（2）调整素材出点至00：00：10：00处，然后在"效果"面板中搜索"色阶"效果，双击该效果进行应用。在"效果控件"面板中设置（RGB）输入黑色阶、（RGB）输出白色阶分别为"20""189"，降低画面亮度，提高对比度，前后的对比效果如图5-6所示。

图5-6　视频素材调色前后的对比效果

5.2.2 制作闪电特效

微课视频

制作闪电特效

使用闪电的素材利用混合模式和不透明度制作闪电特效，并叠加遮罩增强闪电效果，让闪电融入视频中的天空。其具体操作如下。

（1）拖曳"闪电.jpg"素材到V2轨道中，调整入点至00：00：00：12处，调整出点至00：00：03：12处。在"效果控件"面板中设置缩放为"48.0"，再适当调整位置和旋转参数，将闪电移至画面左上角，使闪电左上角的起始点位于画面外，再设置混合模式为"滤色"，如图5-7所示。

图5-7　调整闪电素材

（2）在00：00：00：12处先设置闪电的不透明度为"0.0%"，然后开启"不透明度"的关键帧，接着大概每隔4帧或5帧修改不透明度，如图5-8所示，制作出不断闪烁的效果。

图5-8　添加"不透明度"的关键帧

（3）新建一个颜色为"#8F99D3"、名称为"遮罩"的颜色遮罩，将其拖曳至V3轨道，调整入点至00:00:00:12处，调整出点至00:00:03:12处，然后设置混合模式为"叠加"。

（4）选择"闪电.jpg"素材，在"效果控件"面板单击"不透明度"栏，按【Ctrl+C】组合键复制，然后在"时间轴"面板中选择"遮罩"素材，按【Ctrl+V】组合键粘贴，使遮罩随着闪电的不透明度变化而变化。闪电特效的效果如图5-9所示。

图5-9　闪电特效的效果

5.2.3　制作下雨特效

利用"波形变形"效果将文本变形成类似雨点下落时的线条，然后适当调整其密度、速度等，再修改混合模式使其与天空画面更加融合。其具体操作如下。

微课视频

制作下雨特效

（1）隐藏V2、V3轨道，选择"文字工具" T ，在画面中间任意输入一段文字，然后适当调整文本样式，使文本长度与画面长度基本一致，如图5-10所示。

图5-10　输入文字并调整文本样式

（2）选择文本，在"效果"面板中搜索"波形变形"效果，双击该效果进行应用，在"效果控件"面板中设置图5-11所示的参数。再设置视频的旋转为"20.0°"、混合模式为"叠加"，下雨特效的效果如图5-12所示。

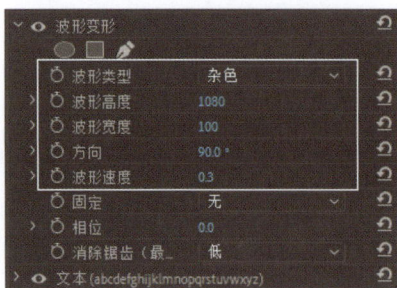

图5-11　设置"波形变形"效果参数

图5-12　下雨特效的效果

5.2.4　添加音效并调整闪电

为了更好地营造雷雨天的氛围，可添加闪电和下雨的音效，并根据闪电的音效调整闪电的出现时间。其具体操作如下。

（1）显示所有轨道，拖曳"闪电声.mp3"素材至A1轨道，拖曳"下雨声.mp3"素材至A2轨道，均调整出点至00:00:10:00处。

（2）将播放指示器移至00:00:05:14处，按【Alt】键不放，向右拖曳"闪电.jpg""遮罩"素材进行复制，使复制素材的入点与播放指示器对齐，如图5-13所示，使闪电出现的画面与音效重合。

微课视频

添加音效并调整
闪电

图5-13　复制素材并调整

（3）导出MP4格式的文件，最后按【Ctrl+S】组合键保存文件。

5.3　实战案例：制作电影文本特效

案例背景

科幻电影《未来解码者》讲述了在未来世界，一位天才解码者通过解读未知代码，揭开了一系列关乎人类命运的秘密。该电影的负责人准备为片名设计文本特效，增强电影的视觉吸引力，具体要求如下。

（1）文本清晰可读，确保受众能够准确识别。

（2）文本特效风格需要与电影主题紧密相关，传达未来世界的神秘感和科技感。

（3）视频分辨率为1920像素×1080像素，时长在8秒左右，输出MP4格式的视频。

💡 设计思路

（1）文本样式设计。选用具有简洁线条的字体，为文本模拟金属质感，突显机械感；再为文本制作立体效果，增强空间感，渲染未来科技的氛围。

（2）展示特效设计。为契合电影主题，可以使文本由模糊变为清晰，带来神秘感，再利用其他属性优化特效，使文本的出现更具吸引力。

（3）消散特效设计。模拟科幻感十足的文本消散特效，使每个字符都像是由粒子组成的一样。

本例参考效果如图5-14所示。

效果预览

电影文本特效

图5-14　电影文本特效参考效果

🔍 操作要点

（1）使用"轨道遮罩键""Brightness&Contrast""斜面Alpha"效果和混合模式制作金属文本。

（2）使用"高斯模糊"效果、关键帧、"缩放"和"不透明度"属性制作文本展示特效。

（3）结合粒子视频和"粗糙边缘""色彩"效果制作文本消散特效。

操作要点详解

5.3.1 制作金属文本

结合类似金属画面的视频素材为片名制作出金属效果，再使用"Brightness&Contrast"效果优化金属的质感，使用"斜面Alpha"效果增强片名的立体感。其具体操作如下。

微课视频

制作金属文本

（1）新建"电影文本特效"项目，导入所有素材。新建分辨率为"1920像素×1080像素"、时基为"25帧/秒"、名称为"电影文本特效"的序列。

（2）拖曳"金属.mp4"素材至V1轨道，选择"文字工具" **T**，在画面中间输入"未来解码者"文字，然后在"效果控件"面板中设置文本样式，参考参数如图5-15所示，文本效果如图5-16所示，再将轨道中的两个素材的出点均调整至00:00:07:00处。

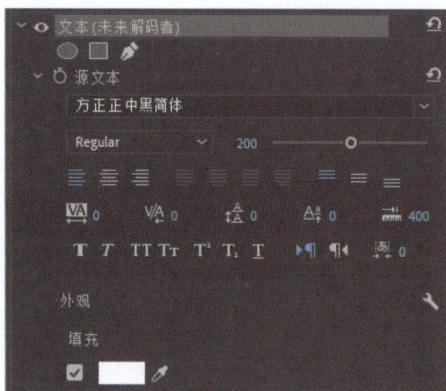

图5-15　设置文本样式

图5-16　文本效果（1）

（3）选择"金属.mp4"素材，在"效果"面板中搜索"轨道遮罩键"效果，双击该效果进行应用。在"效果控件"面板中设置遮罩为"视频2"，如图5-17所示，文本效果如图5-18所示。

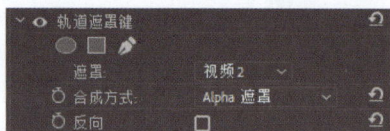

图5-17　应用"轨道遮罩键"效果

图5-18　文本效果（2）

（4）保持"金属.mp4"素材的选中状态，在"效果"面板中搜索"Brightness&Contrast"效果，双击该效果进行应用。在"效果控件"面板中设置亮度和对比度分别为"50.0""40.0"，如图5-19所示，文本效果如图5-20所示。

图5-19　应用"Brightness&Contrast"效果

图5-20　文本效果（3）

（5）将鼠标指针移至"时间轴"面板的文本素材上，按住【Alt】键不放，按住鼠标左键不放并向上拖曳至V2轨道进行复制，然后修改文本填充颜色为"#000000"。

（6）选择复制的文本素材，在"效果"面板中搜索"斜面Alpha"效果，双击该效果进行应用。在"效果控件"面板中设置图5-21所示的参数，再设置该素材的混合模式为"变亮"，文本效果如图5-22所示。

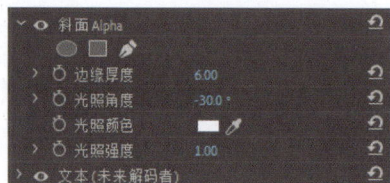

图5-21　应用"斜面Alpha"效果

图5-22　文本效果（4）

（7）在"时间轴"面板中按【Ctrl+A】组合键全选素材，然后在其上单击鼠标右键，在弹出的快捷菜单中选择"嵌套"命令。打开"嵌套序列名称"对话框，设置名称为"金属文本"，单击 确定 按钮。

5.3.2　制作文本渐显特效

先使用"高斯模糊"效果和关键帧为片名制作逐渐清晰的特效，再利用"缩放"和"不透明度"属性制作缩小和渐显的特效，像是揭露真相的过程一样，以契合电影主题。其具体操作如下。

（1）选择"金属文本"嵌套序列，在"效果"面板中搜索"高斯模糊"效果，双击该效果进行应用。在"效果控件"面板中设置模糊度为"100.0"，然后开启该属性的关键帧，再将播放指示器移至00:00:02:00处，设置模糊度为"0.0"，文本从模糊到清晰的变化效果如图5-23所示。

图5-23　文本从模糊到清晰的变化效果

（2）将播放指示器移至00:00:00:00处，设置缩放和不透明度分别为"200.0""0.0%"。然后开启这两个属性的关键帧，再将播放指示器移至00:00:01:12处，设置缩放和不透明度分别为"120.0""100.0%"，如图5-24所示，文本渐显特效如图5-25所示。

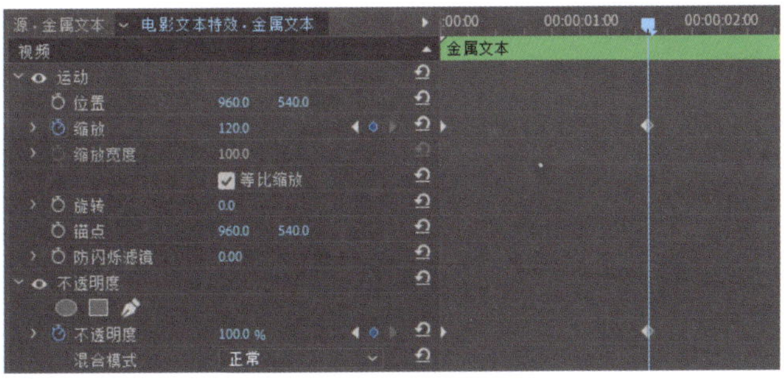

图5-24　添加关键帧

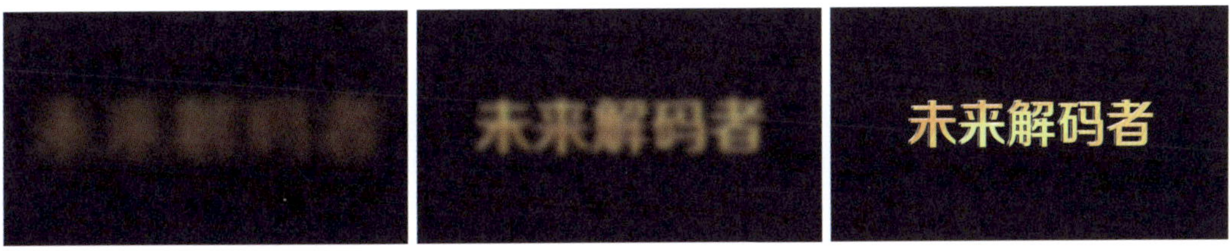

图5-25　文本渐显特效

5.3.3 制作文本消散特效

先使用"粗糙边缘"效果为片名模拟从外到内逐渐消失的特效，然后结合粒子视频素材和"色彩"效果，使粒子消散的特效融入片名，优化文本消散特效。其具体操作如下。

微课视频

制作文本消散特效

（1）将播放指示器移至00:00:05:00处，在"效果"面板中搜索"粗糙边缘"效果，双击该效果进行应用，在"效果控件"面板中设置边框为"0.00"。

（2）开启"边框"属性的关键帧，将播放指示器移至00:00:06:24处，设置边框为"450.00"，文本消失效果如图5-26所示。

图5-26　文本消失效果

（3）预览画面效果，可发现"粗糙边缘"效果会影响文本渐显时的样式，因此选择"剃刀工具" ，然后将鼠标指针移至00:00:04:00处，单击以分割素材。选择第1段素材，在"效果控件"面板中选择"粗糙边缘"效果，按【Delete】键将其删除。

（4）在"项目"面板中双击"消散粒子.mov"素材，在"源"面板中设置入点和出点分别为"00:00:02:00""00:00:06:11"。

（5）将播放指示器移至00:00:05:00处，拖曳"消散粒子.mov"素材至V2轨道中，并使其入点与播放指示器对齐。然后在其上单击鼠标右键，在弹出的快捷菜单中选择"速度/持续时间"命令，打开"剪辑速度/持续时间"对话框，设置持续时间为"00:00:03:00"，单击 确定 按钮，调整后的"时间轴"面板如图5-27所示。

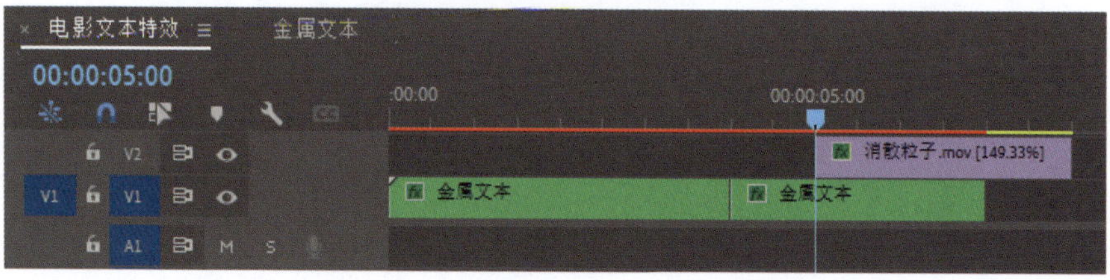

图5-27　调整后的"时间轴"面板

（6）由于粒子色彩与文本色彩不太匹配，因此需要进行调整。隐藏V1轨道，便于查看粒子变化。选择"消散粒子.mov"素材，在"效果"面板中搜索"色彩"效果，双击该效果进行应用。在"效果控件"面板中设置"将黑色映射到"和"将白色映射到"均为"#FFD94D"，如图5-28所示，粒子色彩的前后对比效果如图5-29所示。

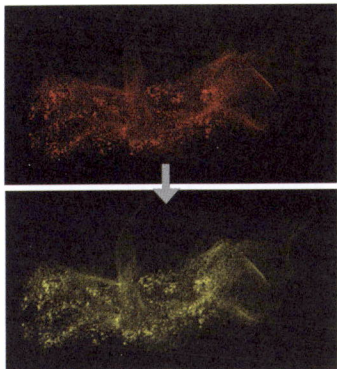

图5-28　应用"色彩"效果　　　图5-29　粒子色彩的前后对比效果

（7）显示V1轨道，预览文本消散特效，如图5-30所示。导出MP4格式的文件，最后按【Ctrl+S】组合键保存文件。

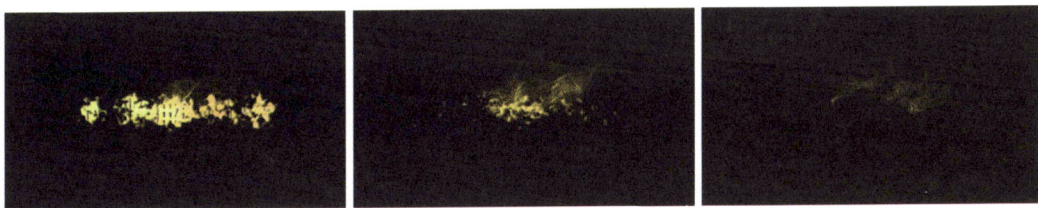

图5-30　文本消散特效

5.4　拓展训练

实训 1　**制作光线特效**

实训要求

（1）为"树林"视频制作自然的光线特效，展现出光影交错、生机勃勃的景象。

（2）视频分辨率为1920像素×1080像素，时长在5秒左右。

（3）光效自然，符合自然规律，避免过于夸张或失真。

操作思路

（1）基于素材创建序列，复制该素材至V2轨道中。

（2）选择V2轨道中的素材，应用"方向模糊"效果，制作出光线的形状；应用"基本3D"效果，调整光线的角度。

（3）应用"高斯模糊"效果，制作模糊效果，再调整不透明度和混合模式，制作出朦胧的光线特效。

效果预览

光线特效

（4）利用"基本3D"效果中的参数为光线特效制作位移动画。

具体制作过程如图5-31所示。

①制作方向模糊效果　　　　　　　②调整光线角度

③添加模糊效果并调整不透明度、混合模式　　　　④为光效制作动画

图5-31　光线特效制作过程

实训 2　制作赛博朋克场景特效

实训要求

（1）为某视频制作赛博朋克场景特效，增强画面的科幻感和未来感。

（2）视频分辨率为1920像素×1080像素，时长在10秒左右。

（3）色彩明亮、协调，明暗对比明显，使用典型的赛博朋克风格色彩。

操作思路

（1）基于素材创建序列，并调整时长为10秒。应用"颜色平衡"效果，调整3个区域中蓝色和红色的占比，再应用"锐化"效果，突出画面细节。

（2）复制素材至V2、V3轨道，删除"锐化"效果，先应用"查找边缘"效果，显示轮廓线，再应用"色彩"效果，修改两个轮廓线的颜色为紫红色和蓝色，并调整位置。

（3）新建调整图层并调整出点，应用"RGB曲线"效果，分别调整红、绿、蓝3个通道的明暗度。

具体制作过程如图5-32所示。

效果预览

赛博朋克场景
特效

①调整画面中的色彩并锐化　　　　　　　　　　②复制素材并显示轮廓线

③调整轮廓线的颜色及位置　　　　　　　　　　④调整画面整体的色调

图5-32　赛博朋克场景特效制作过程

设计大讲堂

　　赛博朋克风格是一种未来科幻主义的设计风格，深受未来主义和高科技影响。赛博朋克风格的主要色彩基调为蓝紫色调，以营造出一种阴冷而神秘的氛围，传达一种冷漠和疏离的情绪。制作赛博朋克风格的场景特效时，可以调整画面中不同色彩的占比，强化蓝紫色调的显示，同时突出画面中的明暗对比，增强视觉冲击力。

5.5　AI辅助设计

通义万相　生成特效图像

　　通义万相是阿里云旗下的AI创意作画平台，可通过对配色、布局、风格等图像设计元素进行拆解和组合，提供具有高可控性和极大自由度的图像生成效果，在特效制作中能够帮助制作人员拓展创意空间，为特效制作带来更多的可能性。通义万相的创意作画主要有以下3种方式。

- **文本生成图像。** 根据文字内容生成不同风格的图像，如水彩画、扁平插画、二次元图像、油画、中国画、3D卡通和素描画等，为制作人员提供了丰富的创作选择。
- **相似图像生成。** 基于参考图像进行创意发散，生成内容和风格相似的AI画作，有助于制作人员拓展创作思路，实现创意的多样化。
- **图像风格迁移。** 可以将一张图像中的风格应用到另一张图像中，从而快速得到想要的设计效果。

例如，使用文本生成图像功能生成火焰特效图像，并利用生成的图像再生成相似图像。

使用方式：文本生成图像

使用方式：输入关键词+添加咒语书+设置比例
咒语书参数：风格、光线、材质、渲染、色彩、构图、视角

关键词：火焰、背景简洁、逼真、渐变色。
咒语书：光线 > 自然光、色彩 > 柔和色彩。
画面尺寸：16：9（1280像素×720像素）。
示例效果：

使用方式：相似图像生成

使用方式：在通义万相生成的图像下方单击 ✨ 按钮，在弹出的下拉菜单中选择"生成相似图"命令，或在"相似图像生成"模块上传生成图像

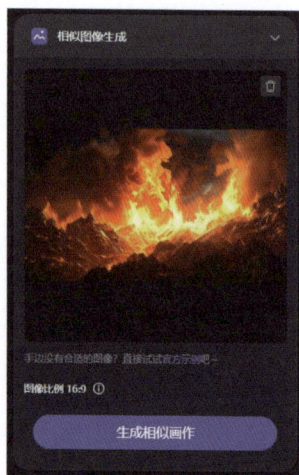

WHEE 生成特效视频

WHEE是美图旗下的AI素材生成器，提供文生图、图生图、AI改图、AI超清、AI无痕消除、AI模特图等功能，以及各种优秀的AI绘画作品实例，制作人员可以从中洞悉市场需求和偏好的变化，从而调整设计方向，顺应潮流。在影视特效制作方面，制作人员可以用文本或图像一键生成需要的特效视频素材。

● **图生视频**。图生视频技术通过深度学习模型，分析制作人员上传的图片，并自动将其转化为动态的视频内容。这一技术使得静态图片能够呈现出动态的效果，如云、雨、雪、风、水等自然元素的动态化，以及镜头拉近/拉远、平移等效果。

● **文生视频**。文生视频技术结合了自然语言处理和视频生成技术，能够根据制作人员提供的文本内容进行语义分析，提取关键信息和情感色彩，然后自动生成视频。

例如，通过使用火焰图像，或通过输入提示词生成一段火焰的特效视频。

使用方式：图生视频

使用方式：上传图片+设置画面尺寸

使用方式：文生视频

使用方式：输入提示词+设置画面尺寸

提示词：电影特效、火焰燃烧、火苗跳动、热烈、火光照亮、热力四溢。
画面尺寸：16∶9（1280像素×720像素）。
示例效果：

拓展训练

请参考上文提供的通义万相和WHEE的使用方法，选择合适的方法生成粒子光效的图像和视频，提升对通义万相和WHEE的应用能力。

5.6 课后练习

1. 填空题

（1）_____是指将各种元素等，通过数字技术融合到一起，形成最终画面。

（2）在Premiere中主要可制作_____特效和_____特效。

（3）_____风格的主要色彩基调为蓝紫色调，以营造出一种阴冷而神秘的氛围，传达一种冷漠和疏离的情绪。

（4）在通义万相中，文本生成图像的使用方式是_____+_____+_____。

2. 选择题

（1）【单选】若是想要将某个元素由红色变为蓝色，可以利用（　　）效果。

A. "色彩"　　　　　　B. "粗糙边缘"　　　　C. "高斯模糊"　　　　D. 闪电

（2）【单选】若要调整画面的明暗度，可以使用（　　）效果。

A. "斜面Alpha"　　　B. "色阶"　　　　　　C. "轨道遮罩键"　　　D. "波形变形"

（3）【多选】影视特效的制作要点包括（　　）。

A. 具有可信度　　　B. 画面和谐　　　　　C. 色彩绚烂　　　　　D. 细节到位

（4）【多选】在"效果控件"面板中，素材的混合模式有（　　）。

A. 滤色　　　　　　B. 变亮　　　　　　C. 叠加　　　　　　D. 混色

3. 操作题

（1）为某摩托车表演赛的视频制作炫酷的描边特效，要求描边色彩明亮、饱和，描边特效应跟随摩托车的移动而流动，以增强视觉冲击力，参考效果如图5-33所示。

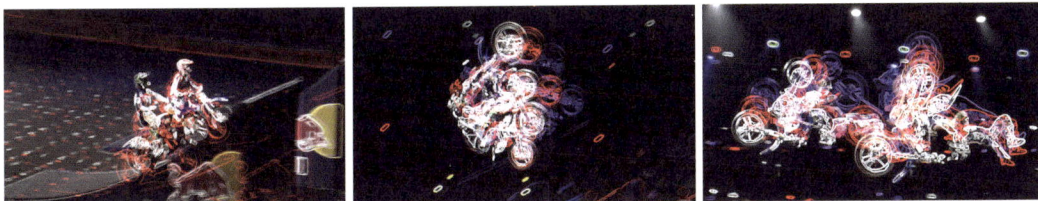

图5-33　描边特效参考效果

（2）为某综艺栏目制作一个穿梭特效，要求从笔记本电脑的屏幕画面外穿梭到画面中。选取合适的效果进行应用，使穿梭特效更具吸引力，参考效果如图5-34所示。

图5-34　穿梭特效参考效果

（3）结合通义万相和WHEE制作一段云层特效，要求画面明亮、效果自然，参考效果如图5-35所示。

图5-35　云层特效参考效果

Pr

视频广告制作

随着市场竞争的日益激烈，广告的形式愈发丰富，从传统的平面广告，如海报、杂志插页，逐渐发展为更加生动的视频广告。在"数字"时代，视频广告凭借其直观性、强烈的视觉冲击力、高度的互动性等特点，成为品牌传播、产品推广的重要工具之一。

学习目标

▶ **知识目标**

◎ 了解视频广告的类型。
◎ 掌握视频广告的制作要点。

▶ **技能目标**

◎ 能够使用 Premiere 制作不同类型的视频广告。
◎ 能够借助 AI 工具生成广告文案和视频。

▶ **素养目标**

◎ 强化社会责任意识，制作具有正确价值观的广告。
◎ 遵守行业规范，尊重知识产权。

学习引导 📊

STEP 1　相关知识学习　　　建议学时：___1___ 学时

课前预习	1. 扫码了解广告的发展历程，建立对视频广告的基本认识 2. 使用网络搜索视频广告案例，通过欣赏视频广告作品提升对视频广告的审美水平
课堂讲解	1. 视频广告的类型及对应的制作思路 2. 视频广告的制作要点
重点难点	1. 学习重点：不同类型视频广告的制作重点 2. 学习难点：视频广告如何引人入胜、突出优势

课前预习

STEP 2　案例实践操作　　　建议学时：___3___ 学时

实战案例	1. 制作新品上市产品广告 2. 制作环保公益广告 3. 制作品牌周年庆活动广告	**操作要点**	1. "颜色键"效果、"擦除"过渡效果组的应用 2. "内滑"过渡效果、"Lumetri颜色"面板的应用 3. "划像"过渡效果组的应用
案例欣赏	 		

STEP 3　技能巩固与提升　　　建议学时：___4___ 学时

拓展训练	1. 制作节约粮食公益广告 2. 制作店铺促销活动广告 3. 制作茶文化广告 4. 制作零食礼包产品广告
AI 辅助设计	1. 使用通义千问撰写广告文案 2. 使用一帧秒创根据文案生成视频
课后练习	通过填空题、选择题和操作题巩固理论知识，提升设计能力与实操能力

6.1 行业知识：视频广告制作基础

视频广告凭借直观的视觉冲击力、丰富的情感表现及灵活多样的创意形式，迅速吸引受众的目光，并在短时间内传达出品牌的核心价值和产品特点。高质量的视频广告不仅能够使广告信息在受众心中留下深刻印象，还能提高广告的记忆度和传播效果，促进受众对品牌与产品的认识与接受。

6.1.1 视频广告的类型

随着受众需求的不断变化和新兴技术的不断涌现，视频广告的形式和内容也在不断创新和完善，其主要类型如下。

● **产品广告**。产品广告旨在向目标受众介绍、推广特定的产品，引导其购买广告主所提供的产品。制作产品广告时，要清晰地展示产品特点和优势，强调产品的独特卖点，使用简洁明了的语言和视觉效果，确保信息准确传达。图6-1所示为某品牌的牛奶产品广告，通过展示产品产地和现代化的生产线，有效传递产品源头纯净与质量安全有保障的优势，有助于增强受众对产品质量的信任。

图6-1　某品牌的牛奶产品广告

● **品牌广告**。品牌广告注重塑造和传达品牌的价值观、理念、文化等非物质性属性，通常会展现具有代表性的产品，或通过情感、故事或象征性元素来展现品牌个性。制作品牌广告时，要确保广告与品牌形象保持一致，强调品牌的核心价值观和独特理念，可以使用具有吸引力的故事情节或视觉元素来建立情感联系。图6-2所示为某企业的品牌广告，它不仅展示了该品牌的代表性产品，还介绍了品牌的核心理念和价值观。

图6-2　某企业的品牌广告

● **公益广告**。公益广告又称公共服务广告，即不以营利为目的，为公共利益服务的广告，旨在唤起公众对某一社会问题的关注，通过强调该问题的严重性和紧迫性，鼓励人们采取行动来改善和解决问题。公益广告的目标群体是公众，而他们的文化程度和理解能力不尽相同，因此在制作公益广告时，要尽量让广告内容通俗易懂，使公众更容易接受，同时要确保信息的准确性和可信度。图6-3所示为《保护动物》公益广告，通过展示动物在大自然中的日常生活，并搭配具有呼吁性的字幕，不仅可以传达保护动物的重要性，还可以激发公众对保护生态环境的深刻思考。

图6-3　《保护动物》公益广告

- **文化广告**。文化广告通过传播文化信息、展示文化特色或推广文化活动，来增强受众对文化的认同感和自豪感。在制作文化广告时，要根据文化内容深入研究目标受众的文化背景和需求，使用具有文化特色的视觉元素和语言风格，尊重相关的文化传统。图6-4所示为端午节文化广告，在片头处采用具有国风风格的山水画作为背景，营造出淡雅而深远的文化氛围，后续内容通过介绍粽子的制作工艺、历史渊源和象征意义等，体现出端午节深厚的文化底蕴，加深受众对端午节这一传统节日的印象，增强其文化归属感和自豪感。

图6-4　端午节文化广告

- **活动广告**。活动广告旨在宣传和推广特定的活动，如促销活动、展览、演出等，吸引目标受众的关注和参与。在制作活动广告时，要清晰传达活动的时间、地点和主题信息等，可以使用具有吸引力的视觉效果和音效来营造活动氛围。另外，活动广告中还可以添加福利内容作为激励机制，例如分享视频可以参加抽奖、赢取小礼品、获得专属折扣和优惠券等，鼓励受众分享活动广告，扩大活动影响力。图6-5所示为草莓音乐节的活动广告，它利用绚丽的色彩营造出梦幻、神秘的氛围，在画面左侧添加话筒装饰元素，在画面中间用代表音乐的五线谱作为分界线，有效强化了活动的音乐属性，而在画面右侧则主要展现音乐节的活动信息，让受众一目了然。

图6-5　草莓音乐节的活动广告

6.1.2　视频广告的制作要点

为确保视频广告的制作效果达到预期，在制作视频广告时要注意以下要点。

● **引人入胜**。视频广告的开头至关重要，需要在几秒内迅速吸引受众的注意力，可以通过使用具有冲击力的视觉效果、快节奏的音乐或巧妙的悬念来实现。

● **内容精练**。视频广告的时长有限，大多数为5秒~30秒，因此需要确保内容精练，能够在有限的时间内传达关键信息，避免冗长的介绍，直接突出广告主题，展现核心优势。

● **画面精美**。视频广告的视觉效果要精美、细致，画面色彩要与广告主题一致，能够给受众带来视觉上的享受。

● **遵守法律法规**。确保广告内容真实、准确，不夸大其词或进行虚假宣传；引用数据、资料等引证内容时，必须真实、准确，并明确标明出处；广告内容不得违反与广告相关的国家法律法规，不得损害国家尊严或利益，不得泄露国家秘密。

> **设计大讲堂**
>
> 在制作广告时，制作人员务必保持高度的责任感与法律意识，严格遵守与广告相关的法律法规，避免使用如"国家级""最高级""最佳"等绝对化用语，以及"王牌""领袖品牌""全球首发"等可能误导受众的夸大性词汇。同时，还应警惕迷信用语、诱导受众点击的表述，确保广告内容合法合规且符合社会良好风尚，共同维护广告市场的健康有序发展，提供真实可靠的广告信息。

6.2　实战案例：制作新品上市产品广告

案例背景

随着受众对数码产品的需求日益多样化，某数码公司为满足市场需求并巩固其市场地位，近期将上市3款产品，因此准备制作一则新品上市产品广告，并将其投放到各个线下店铺中播放，以快速吸引受众并激发其购买欲望。该公司的负责人对该产品广告的要求如下。

（1）依次展示头戴式耳机、充电宝和显示器，清晰、准确地传达每个产品的外观、功能、特点等。

（2）色彩和谐、画面明亮，视觉效果舒适。

（3）视频分辨率为1920像素×1080像素，时长在25秒左右，输出MP4格式的视频。

设计思路

（1）开场设计。采用快节奏、视觉冲击力较强的画面作为开场，并突出"新品上市"主题。

（2）产品介绍设计。先展示产品的外观图像，并从上至下逐渐显示，再逐渐展示产品的名称、价格、功能和特点等信息。

（3）文本设计。开场的文本颜色可采用与背景相契合的色彩，并结合背景画面制作逐渐放大的动画；信息文本可突出展示产品名称和价格部分，使其在出现时能够第一时间吸引受众视线。

本例参考效果如图6-6所示。

效果预览

新品上市产品广告

图6-6　新品上市产品广告参考效果

操作要点

（1）结合"不透明度"和"缩放"属性制作片头动画。

（2）利用"色彩"效果调整背景色彩，利用"颜色键"效果抠取产品素材。

（3）添加产品信息字幕，在"基本图形"面板中按照主次调整文本的样式。

（4）利用"擦除"过渡效果组制作渐显动画和转场动画。

操作要点详解

6.2.1　制作片头动画

微课视频

制作片头动画

添加动态背景素材，在画面中心处输入"新品上市"主题文字，并使用背景中的深蓝色作为文本颜色，使画面整体风格更具统一性，再利用"不透明度"和"缩放"属性的关键帧，并根据动态背景中圆环的显示制作文本放大并渐显的动画，加强视觉冲击力。其具体操作如下。

（1）新建"新品上市产品广告"项目，导入所有素材。新建分辨率为"1920像素×1080像素"、时基为"25帧/秒"、名称为"新品上市产品广告"的序列。

（2）拖曳"动态背景.mp4"素材至V1轨道，调整出点至00:00:05:00处。

（3）选择"文字工具" T，在画面中心处输入"新品上市"文字，设置文本样式，如图6-7所示，填充颜色为"#1E77A9"，文本效果如图6-8所示。调整该素材的入点至00:00:01:00处。

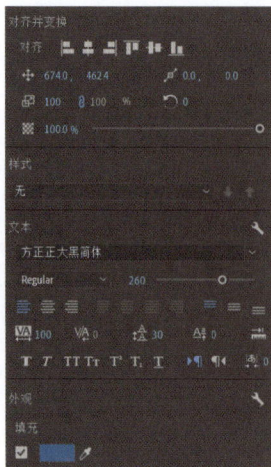

图6-7　设置文本样式

图6-8　文本效果

（4）将播放指示器移至00:00:03:00处，开启文本素材的"缩放"和"不透明度"属性的关键帧，然后将播放指示器移至00:00:01:00处，设置缩放和不透明度分别为"30.0""0.0%"，查看动画效果如图6-9所示。

图6-9　片头动画效果

（5）在"时间轴"面板中全选素材，然后将其嵌套为"片头"序列。

6.2.2 制作产品介绍画面

粒子背景素材的色彩过于平淡，可使用"色彩"效果将其调整为与数码类产品相契合的蓝色调；画面版式可采用左右构图的方式，展示产品外观和产品信息，同时利用"颜色键"效果在绿色背景中抠取数码产品素材，利用不同的文本样式使产品信息更具层次感。其具体操作如下。

微课视频

制作产品介绍画面

（1）拖曳"粒子背景.mp4"素材至嵌套序列右侧，在"效果"面板中搜索"色彩"效果，双击该效果进行应用。然后在"效果控件"面板中分别设置"将黑色映射到"和"将白色映射到"的两个色块颜色为"#286CBA""#B9D3F2"，如图6-10所示。画面色彩的前后对比效果如图6-11所示。

（2）拖曳"耳机.jpg"素材至V2的轨道的00:00:05:00处，调整出点至00:00:11:00处。

（3）选中"耳机.jpg"素材，在"效果"面板中搜索"颜色键"效果，双击该效果进行应用。在"效果控件"面板中单击"主要颜色"右侧的"吸管工具" 🖍️，然后单击耳机图像中的绿色区域进行吸取，在"效果控件"面板中设置颜色容差为"50"，如图6-12所示。抠取耳机产品素材的前后对比效果如图6-13所示。

图6-10 调整画面色彩

图6-11 画面色彩的前后对比效果

图6-12 设置"颜色键"参数　　　　图6-13 抠取耳机产品素材的前后对比效果

（4）在"效果控件"面板中调整"耳机.jpg"素材的位置，使其位于画面左侧，参考参数为"499.0,540.0"。

（5）将播放指示器移至00:00:06:00处，选择"文字工具"❏，在产品右侧输入"头戴式耳机"文字，然后在"基本图形"面板中设置产品信息文本样式，如图6-14所示，填充颜色为"#B0474D"。继续在文本下方输入"产品信息.txt"素材中的关于耳机产品的其他文本，并适当修改文本的大小、位置、颜色和间距等，效果如图6-15所示。

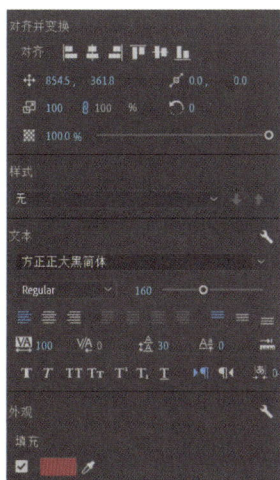

图6-14 设置产品信息文本样式　　　　图6-15 输入其他文本并调整后的效果

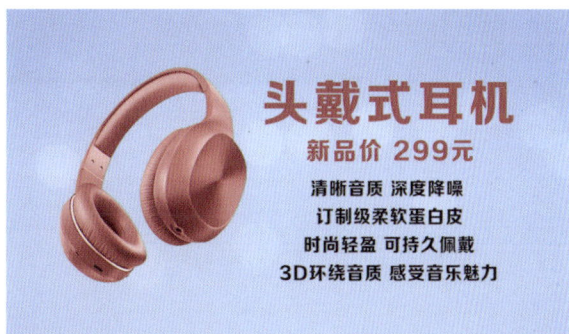

（6）依次拖曳"充电宝.jpg""显示器.jpg"素材至V2轨道中，然后使用与步骤（2）、步骤（3）类似的方法抠取产品素材，然后调整产品素材的位置，使充电宝位于画面右侧，显示器位于画面左侧。

（7）选择V3轨道中的文本素材，按住【Alt】键不放，然后将其向右拖曳进行复制，使复制素材的出点与"充电宝.jpg"素材的出点对齐，再继续向右复制，使新复制素材的出点与"显示器.jpg"素材的出点对齐。

（8）根据"产品信息.txt"素材中的内容修改步骤（7）中复制的两个文本素材，然后分别调整位置，再分别修改两个文本素材的前两行文本的填充颜色分别为"#382E89""#FB9306"，画面效果如图6-16所示。

图6-16　调整其他两个产品的信息后的效果

（9）调整"粒子背景.mp4"素材的出点，使其与V2轨道中"显示器.jpg"素材的出点对齐。

6.2.3　制作渐显动画和转场动画

利用"擦除"过渡效果组中的效果，先为产品图像和产品信息依次制作渐显动画，再为片头以及单个产品的介绍画面制作转场动画，增强视频的流畅性和动态感，使原本静态的画面变得更加生动有趣。其具体操作如下。

（1）在"效果"面板中依次展开"视频过渡""擦除"文件夹，将"随机擦除"过渡效果拖曳至"耳机.jpg"素材的入点处，如图6-17所示。耳机产品的渐显动画效果如图6-18所示。

微课视频

制作渐显动画和
转场动画

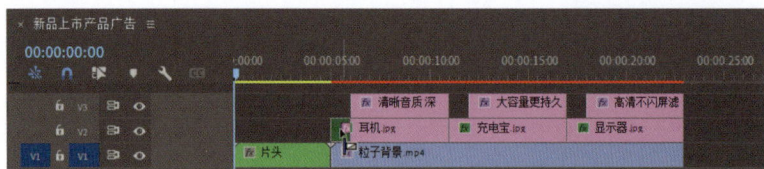

图6-17　应用"随机擦除"过渡效果

图6-18　耳机产品的渐显动画效果

（2）将"百叶窗"过渡效果拖曳至耳机产品对应的文本素材入点处，耳机产品信息的渐显动画效果如图6-19所示。

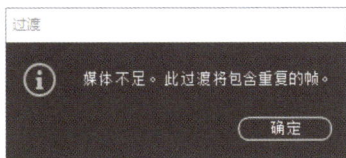

图6-19　耳机产品信息的渐显动画效果

（3）由于直接在"充电宝.jpg"素材的入点处应用过渡效果会导致"耳机.jpg"素材重复出现，因此可利用嵌套序列进行调整。使用"剃刀工具" ![icon]分别在00:00:11:00、00:00:17:00处分割"粒子背景.mp4"素材，再分别将背景和产品的图像、介绍信息嵌套为以产品名称命名的序列。

（4）分别双击打开"充电宝"和"显示器"嵌套序列，使用与步骤（1）、步骤（2）类似的方法，为其中的素材制作相应的渐显动画，效果如图6-20所示。

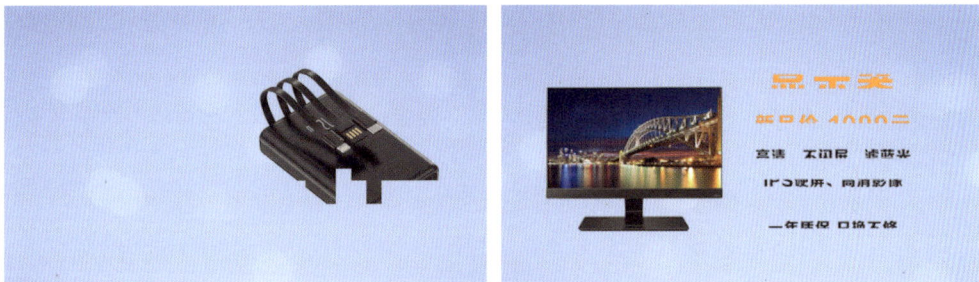

图6-20　其他产品的渐显动画

（5）拖曳"时钟式擦除"过渡效果至每个嵌套序列之间，若弹出"过渡"对话框，单击 ![确定]按钮，如图6-21所示。应用"时钟式擦除"过渡效果如图6-22所示。

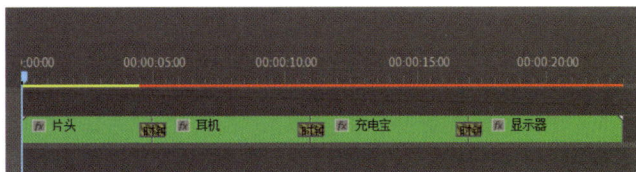

图6-21　"过渡"对话框　　　图6-22　应用"时钟式擦除"过渡效果

操作小贴士

在两个素材之间添加过渡效果时，若弹出"过渡"对话框，并显示"媒体不足。此过渡将包含重复的帧。"的提示内容，则表示有素材被剪辑后的持续时间不足以支持所选过渡效果的时间要求（过渡时间通常为1秒，两个素材各占一半）。此时，若单击对话框中的 ![确定]按钮，则Premiere会通过重复结束帧或开始帧的方式来完成过渡效果的添加。

（6）查看画面最终效果，如图6-23所示。导出MP4格式的文件，最后按【Ctrl+S】组合键保存文件。

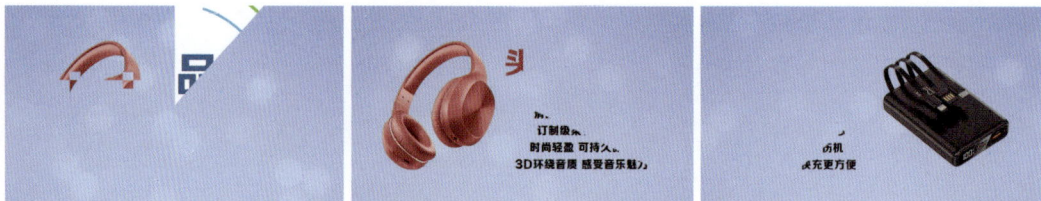

图6-23　查看画面最终效果

6.3 实战案例：制作环保公益广告

案例背景

为了增强公众对环境保护的认识和责任感，促进社会各界共同参与环保行动，某环保组织决定制作一则环保公益广告，激发公众对环境保护的紧迫感与行动力。该环保组织对该公益广告的要求如下。

（1）广告以"推进生态文明,建设绿色城市"为主题，视频素材要与主题相关，能够突出保护环境的重要性。

（2）画面色彩明亮，同时搭配字幕引导受众思考。

（3）视频分辨率为1920像素×1080像素，时长在30秒左右，输出MP4格式的视频。

设计思路

（1）画面设计。以代表大自然、生机与希望的绿色为主色调，营造生态和谐、宜居宜业的氛围。

（2）字幕设计。在画面下方展示简洁明了的字幕，鼓励受众采取环保行动。

（3）主题文本设计。在片尾处展示主题文本，并利用动画效果增强视觉冲击力，让受众加深印象。

效果预览

环保公益广告

本例参考效果如图6-24所示。

图6-24　环保公益广告参考效果

操作要点

操作要点详解

（1）剪辑素材，使用"内滑"过渡效果。

（2）利用"Lumetri颜色"面板调整视频素材的色彩。

（3）利用"文本"面板添加多个字幕，并统一调整文本样式。

（4）添加主题文本，利用"画笔描边"效果优化文本样式，利用"急摇"过渡效果制作渐显动画。

6.3.1　剪辑素材并应用过渡效果

微课视频

剪辑素材并应用
过渡效果

先通过调整出点剪辑多个视频素材，然后利用"内滑"过渡效果制作画面过渡效果，使两个片段之间的衔接更加平滑自然，减少突兀感，同时为视频增添动态感。其具体操作如下。

（1）新建"环保公益广告"项目，导入所有素材。新建分辨率为"1920像素×1080像素"、时基为"25帧/秒"、名称为"环保公益广告"的序列。

（2）拖曳"山.mp4"素材至V1轨道，在其上单击鼠标右键，在弹出的快捷菜单中选择"速度/持续时间"命令，打开"剪辑速度/持续时间"对话框，设置持续时间为"00:00:05:00"，单击 确定 按钮。

（3）在"源"面板中分别设置"绿叶.mp4""自然.mp4""绿水青山.mp4"素材的出点为00:00:04:29、00:00:04:29、00:00:05:15。

（4）依次拖曳其他视频素材到V1轨道中，如图6-25所示。由于"自然.mp4"素材的分辨率与序列分辨率不匹配，因此需要设置该素材的缩放为"150.0"。

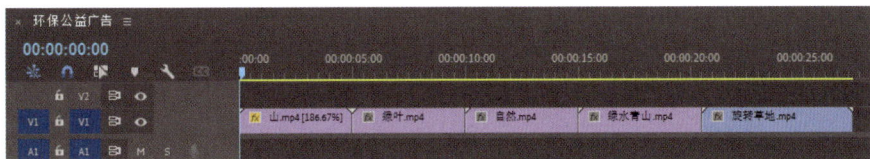

图6-25　添加其他视频素材

（5）拖曳"背景音乐.mp3"素材到A1轨道中，调整出点，使其与V1轨道中的"旋转草地.mp4"素材出点对齐。

（6）在"效果"面板中依次展开"视频过渡""内滑"文件夹，拖曳"内滑"过渡效果至"山.mp4"和"绿叶.mp4"素材之间，然后在弹出的"过渡"对话框时中单击 确定 按钮，如图6-26所示，画面过渡效果如图6-27所示。

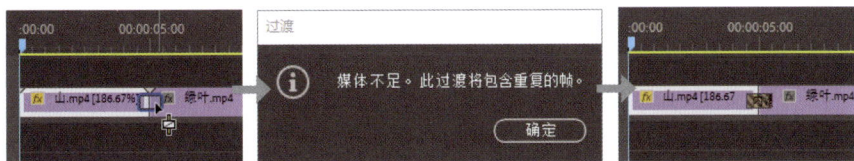

图6-26　应用"内滑"过渡效果

图6-27　画面过渡效果

（7）使用与步骤（6）类似的方法在其他视频素材之间均应用"内滑"过渡效果，画面过渡效果如图6-28所示。

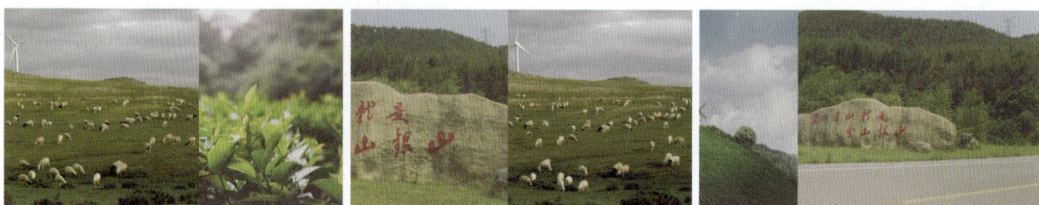

图6-28　其他画面过渡效果

6.3.2　视频素材调色

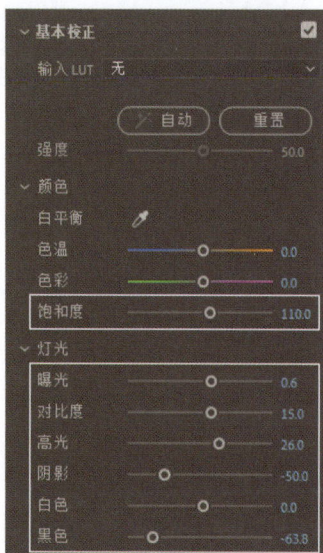

利用"Lumetri颜色"面板改变视频画面的整体色彩倾向，使绿色更加鲜明，以符合环保主题的视频风格，并提升视频画面的明亮度、增强美观性。其具体操作如下。

（1）在"时间轴"面板中选择"山.mp4"素材，在"Lumetri颜色"面板中展开"基本校正"栏，设置图6-29所示的参数，画面调色前后对比效果如图6-30所示。

微课视频

视频素材调色

图6-29　设置"基本校正"参数　　图6-30　"山.mp4"素材画面调色前后对比效果

（2）选择"自然.mp4"素材，在"Lumetri颜色"面板中展开"创意"栏，在"look"下拉列表框中选择"kodak 5205 Fuji 3510(by Adobe)"选项，然后在下方设置图6-31所示的参数，画面调色前后对比效果如图6-32所示。

图6-31 调整"创意"参数　　　　图6-32　"自然.mp4"素材画面调色前后对比效果

（3）选择"山.mp4"素材，在"效果控件"面板中选择"Lumetri颜色"栏，按【Ctrl+C】组合键复制，然后选择"绿水青山.mp4"素材，按【Ctrl+V】组合键粘贴，再使用相同的方法将该效果粘贴到"旋转草地.mp4"素材中，两个画面的调色效果如图6-33所示。

图6-33　其他素材画面的调色效果

6.3.3 添加字幕文本

利用"文本"面板依次添加"字幕.txt"素材中的文本内容，采用清晰易读的字体，并适当放大文本，使其能够快速被受众识别。另外，还可将调整好的字幕样式存储下来，以便后续进行统一修改。其具体操作如下。

微课视频

添加字幕文本

（1）打开"文本"面板，在其中单击 创建新字幕轨 按钮，打开"新字幕轨道"对话框，保持默认设置，单击 确定 按钮新建字幕轨道，如图6-34所示。

（2）在"文本"面板中单击"添加新字幕分段"按钮，在下方新增的文本框中输入"绿水青山是大自然赋予我们的宝贵礼物"文字，然后单击"文本"面板的空白处完成输入，如图6-35所示。

图6-34　新建字幕轨道

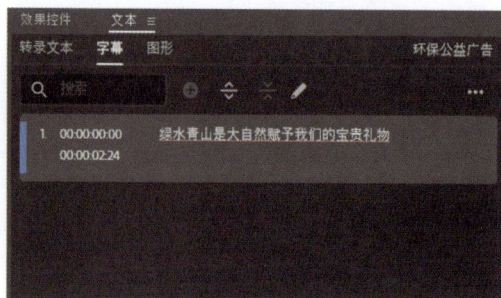

图6-35　输入文本

（3）查看添加的字幕，如图6-36所示。在"时间轴"面板中将播放指示器移至第一段字幕的出点处，然后重复步骤（2），继续添加其他字幕，如图6-37所示。"时间轴"面板中的字幕轨道如图6-38所示。

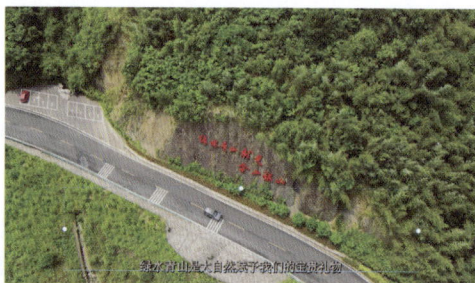

图6-36　查看添加的字幕

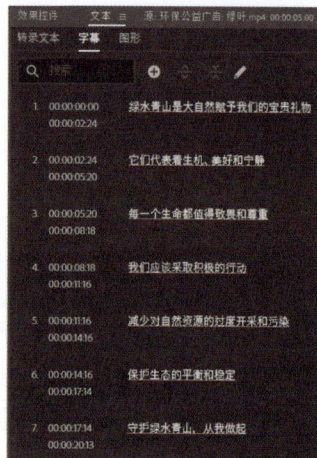

图6-37　添加其他字幕

图6-38　"时间轴"面板中的字幕轨道

操作小贴士

默认情况下，在"文本"面板中创建的字幕都会居中显示在文本框底部，而文本框也居中显示在视频画面的底部。除了可以通过调整文本框的位置来改变字幕显示位置外，在"节目"面板中选中字幕后，"基本图形"面板中的"对齐并变换"栏中会出现一个九宫格，通过单击九宫格中的方格，也可以设置字幕的显示位置。

（4）选择第一段字幕，在"基本图形"面板中设置字幕样式，如图6-39所示，字幕效果如图6-40所示。

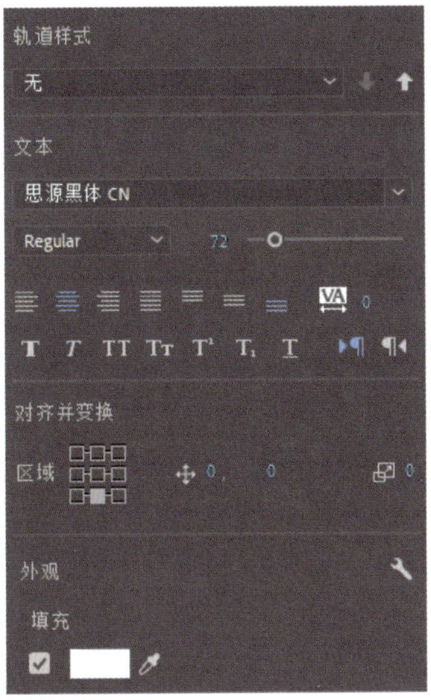

图6-39　设置字幕样式

图6-40　字幕效果

（5）保持第一段字幕的选中状态，在"基本图形"面板中打开"轨道样式"栏中的下拉列表，在其中选择"创建字幕样式"选项，打开"新建文本样式"对话框，设置名称为"字幕样式"，单击 确定 按钮。再单击下拉列表框右侧的"推送至轨道或样式"按钮 ⬆ ，统一轨道中的字幕样式，其他字幕的效果如图6-41所示。

图6-41　其他字幕的效果

6.3.4　制作主题文本动画

在片尾的画面上方输入主题文本，然后设置文本颜色为绿色，并添加白色描边增强视觉效果，再利用"画笔描边"效果为文本增添艺术性，最后利用"急摇"过渡效果为文本制作渐显动画，增强视觉冲击力，同时强化视频主题。其具体操作如下。

微课视频

制作主题文本动画

（1）将播放指示器移至00:00:20:20处，选择"文字工具" **T** ，在画面上方输入"推进生态文明 建设绿色城市"文字，然后设置主题文本样式，如图6-42所示，其中填充颜色为"#325D1A"，描边颜色为"#FFFFFF"。

（2）保持主题文本的选中状态，在"效果"面板中搜索"画笔描边"效果，双击该效果进行应用，应用后的主题文本效果如图6-43所示。

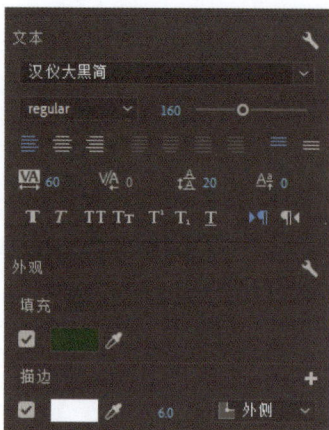

图6-42　设置主题文本样式

图6-43　主题文本效果

（3）设置主题文本素材的出点至00:00:27:05处，在"效果"面板中搜索"急摇"过渡效果，拖曳该过渡效果至主题文本素材的入点处，然后在"效果控件"面板中设置持续时间为"00:00:03:00"，主题文本动画效果如图6-44所示。

图6-44　主题文本动画效果

（4）导出MP4格式的文件，最后按【Ctrl+S】组合键保存文件。

6.4　实战案例：制作品牌周年庆活动广告

案例背景

"雅容悦貌"美妆护肤品牌即将迎来六周年庆，需制作一则活动广告投放到店铺中，介绍周年庆优惠活动，以此吸引更多人的目光，具体要求如下。

（1）广告画面美观，画面之间的切换自然流畅，注重色彩搭配和视觉冲击力。

（2）准确传达出周年庆的具体活动内容和优惠信息。

（3）视频分辨率为1920像素×1080像素，时长在20秒左右，输出MP4格式的视频。

💡 设计思路

（1）片头动画设计。片头画面色彩鲜艳，添加装饰元素美化画面，能够第一时间抓住受众的视线，同时突出活动主题。

（2）活动内容设计。以动态化图文形式详细介绍周年庆优惠活动。

（3）音频设计。选择节奏明快的背景音乐，通过音频淡入效果自然地引导受众进入音乐所营造的欢乐氛围。在广告结尾处淡出音频，自然地结束广告。

本例参考效果如图6-45所示。

效果预览

品牌周年庆活动广告

图6-45　品牌周年庆活动广告参考效果

🖱 操作要点

（1）使用"Lumetri颜色"面板、"彩色浮雕"效果、"圆划像"过渡效果制作片头动画。

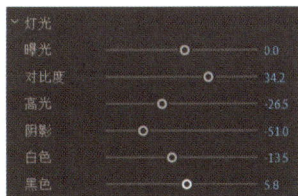

（2）使用"椭圆工具" 🔘、"菱形划像"、"急摇"过渡效果制作活动内容动画。

（3）利用音频的属性为背景音乐制作淡入淡出效果。

操作要点详解

6.4.1 制作片头动画

使用"Lumetri颜色"面板调整背景画面的色彩，提高画面的对比度，然后利用"彩色浮雕"效果为背景制作动画，再利用"圆划像"过渡效果依次为装饰元素和文本制作渐显动画，使其更具吸引力。其具体操作如下。

微课视频

制作片头动画

（1）新建"品牌周年庆活动广告"项目，导入所有素材。新建分辨率为"1920像素×1080像素"、时基为"25帧/秒"、名称为"品牌周年庆活动广告"的序列。

（2）拖曳"背景.jpg"素材到V1轨道，在"Lumetri颜色"面板的"基本校正"栏中设置图6-46所示参数来调整画面色彩，调整画面色彩前后对比效果如图6-47所示。

图6-46　调整画面色彩

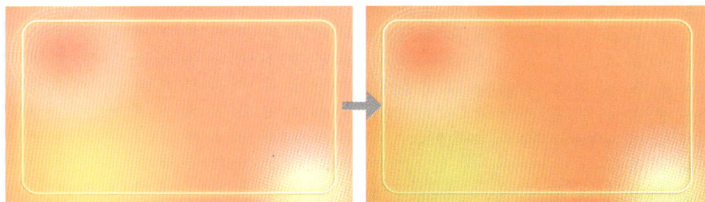

图6-47　调整画面色彩前后对比效果

（3）在"效果"面板中搜索"彩色浮雕"效果，双击该效果进行应用。在"效果控件"面板中开启"起伏"属性的关键帧，然后将播放指示器移至00:00:01:00处，设置起伏为"200.00"，背景变化效果如图6-48所示。

图6-48　背景变化效果

（4）依次拖曳"人物1.png""人物2.png"素材至V2、V3轨道的00:00:00:16处，设置"人物1.png"素材的缩放为"30.0"，将其移至画面左上角；设置"人物2.png"素材的缩放为"35.0"，将其移至画面右下角。

（5）在"效果"面板中依次展开"视频过渡""划像"文件夹，拖曳"圆划像"过渡效果至"人物1.png"素材入点处，在"效果控件"面板中调整过渡中心的位置至画面左上角，使其位于素材中心，如图6-49所示。

（6）拖曳"圆划像"过渡效果至"人物2.png"素材入点处，在"效果控件"面板中调整过渡中心的位置至画面右下角，如图6-50所示。

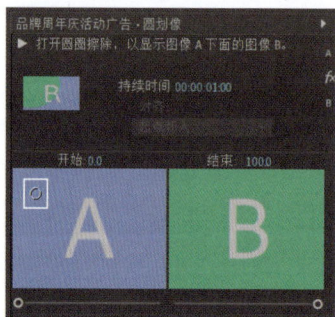

图6-49　调整过渡效果（1）　　　图6-50　调整过渡效果（2）

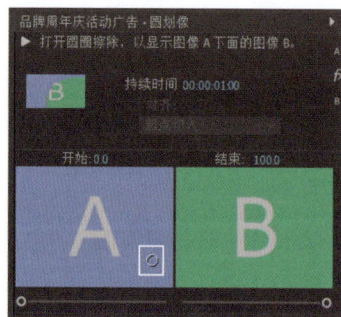

（7）预览人物素材的渐显动画，活动广告开场效果如图6-51所示。

图6-51　活动广告开场效果

（8）将播放指示器移至00:00:01:00处，选择"文字工具"■，在画面中间输入"雅容悦貌 六周年庆"文本，然后设置主题文本样式，如图6-52所示，填充颜色为"#FFFFFF"。然后勾选"阴影"复选框，其他设置保持默认，主题文本效果如图6-53所示。

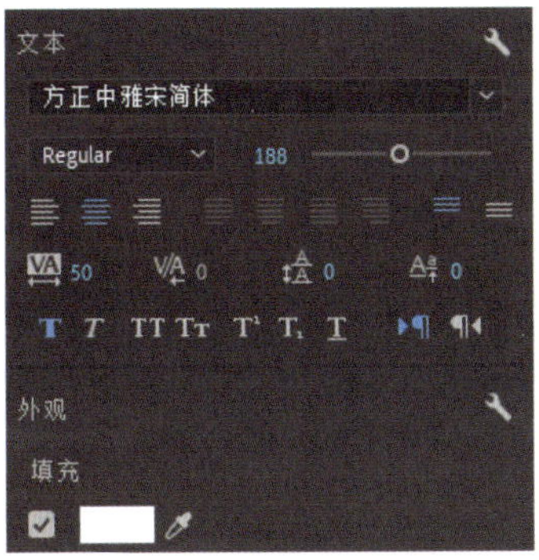

图6-52　设置主题文本样式

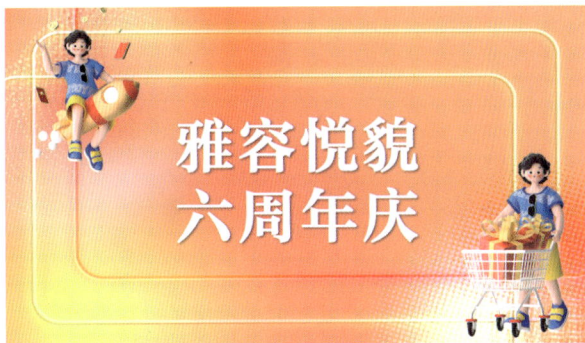

图6-53　主题文本效果

（9）拖曳“圆划像”过渡效果至文本素材入点处，调整过渡中心的位置至画面中心偏上的位置，文本动画效果如图6-54所示。

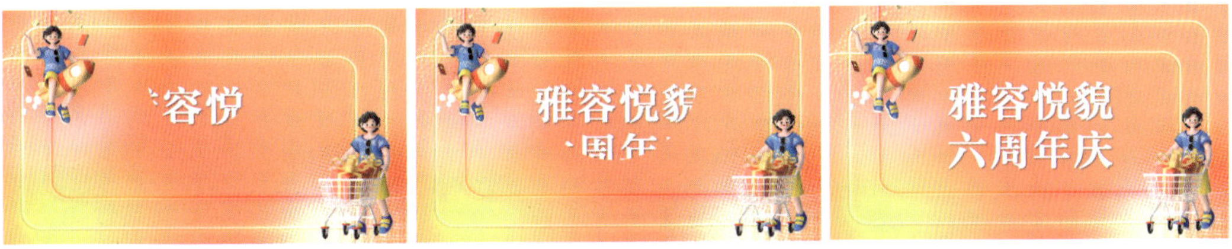

图6-54　文本动画效果

（10）调整所有素材的出点至00:00:04:00处，然后嵌套为“片头”序列。

6.4.2 制作活动内容动画并添加转场

微课视频

制作活动内容动画并添加转场

绘制多个正圆作为活动信息文本的背景，然后根据配图的色彩调整活动信息文本的填充色，接着利用“菱形划像”过渡效果为图形和文本制作渐显动画，利用“急摇”过渡效果为各个画面制作转场。其具体操作如下。

（1）拖曳“配图1.jpg”至V1轨道并设置出点为“00:00:08:00”，将播放指示器移至00:00:04:00处，选择“椭圆工具”，在画面右侧绘制一个白色的正圆，设置不透明度为“40.0%”，然后复制两次正圆并适当调整位置，效果如图6-55所示。

（2）将播放指示器移至00:00:05:00处，在画面右侧输入“全场商品 低至6折”文字，设置填充颜色为“#438A90”，添加描边宽度为“10.0”的白色描边，取消阴影，效果如图6-56所示。

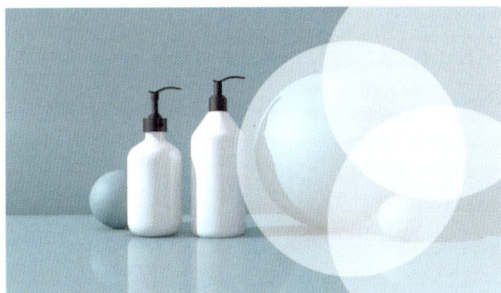

图6-55　调整正圆位置效果

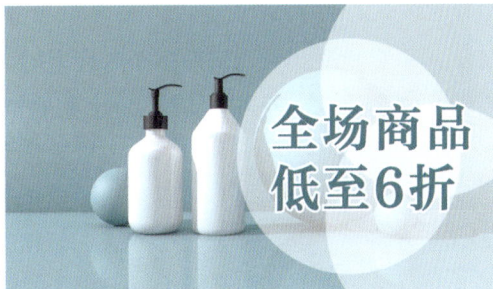

图6-56　输入文本并调整后的效果

（3）依次拖曳其他配图至V1轨道并调整出点，复制3次图形素材和文本素材，第2个和第4个图形素材应用"水平翻转"效果，然后修改文本内容和大小，再依次修改填充颜色为"#FC6C6B""#B28B67""#7476DF"，其他活动画面的效果如图6-57所示。

图6-57　其他活动画面的效果

（4）拖曳"划像"文件夹中的"菱形划像"过渡效果至第1个画面对应的图形素材和文本素材的入点处，选择图形素材前的过渡效果，在"效果控件"面板中向左拖曳过渡中心，第1个画面的效果如图6-58所示。将与第1个画面相关的3个素材嵌套为"画面1"序列。

图6-58　第1个画面的效果

（5）使用与步骤（4）类似的方法，依次为后续的3个画面中的素材应用并调整"菱形划像"过渡效果，然后分别嵌套序列，再在所有嵌套序列之间应用"急摇"过渡效果，如图6-59所示，转场和其他动画效果如图6-60所示。

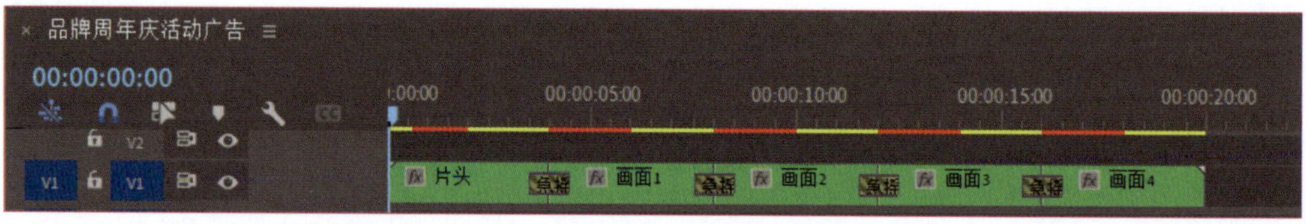

图6-59　应用"急摇"过渡效果

图6-60　转场和其他动画效果

6.4.3　制作淡入淡出效果的背景音乐

使用音频的"级别"属性和关键帧为背景音乐制作淡入淡出的效果，以避免背景音乐突然开始或结束给受众带来突兀感。其具体操作如下。

（1）拖曳"背景音乐.mp3"素材至A1轨道，调整其出点至00:00:20:00处。

（2）打开"效果控件"面板，在00:00:02:00和00:00:18:00处为"级别"属性添加关键帧，再在00:00:00:00和00:00:19:24处设置级别为"-10.0dB"，如图6-61所示，使背景音乐在开始时淡入，结束时淡出。

（3）导出MP4格式的文件，最后按【Ctrl+S】组合键保存文件。

微课视频

制作淡入淡出
效果的背景音乐

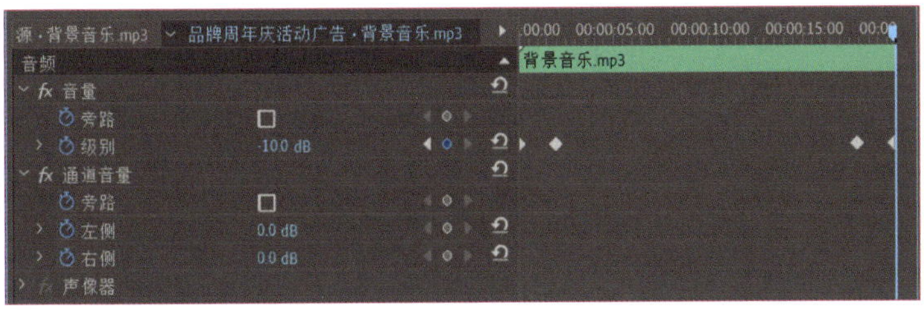

图6-61　添加"级别"属性的关键帧并进行相应设置

6.5　拓展训练

实训 1　制作节约粮食公益广告

实训要求

（1）以"节约粮食"为主题制作公益广告，使受众深刻认识到粮食的来之不易，并参与到节约粮食的行动中。

（2）视频分辨率为1920像素×1080像素，时长为40秒左右。

（3）字幕文案简洁明了，旨在突出节约粮食的重要性。

（4）运用动画来强化受众对公益广告的印象。

操作思路

（1）基于视频素材新建序列，添加并剪辑视频素材和音频素材，然后在视频之间应用过渡效果。

（2）在"文本"面板中添加多个字幕，然后在"基本图形"面板中调整文本样式，再存储该样式并应用到所有字幕文本中。

（3）输入主题字幕并调整文本样式，然后为文本应用过渡效果。

（4）在文本下方创建与美化图形，然后利用"不透明度"和"缩放"属性的关键帧为图形制作动画效果。

具体制作过程如图6-62所示。

效果预览

节约粮食公益
广告

①剪辑素材并应用过渡效果

粮食是人类的基本生活资源之一　　　每一粒米都是神在田间的劳动成果　　　深刻认识到粮食的宝贵性

②创建字幕并调整文本样式

③为主题字幕和图形制作动画

图6-62　节约粮食公益广告制作过程

实训 2　制作店铺促销活动广告

实训要求

（1）为"玩智玩具"店铺制作儿童节促销活动广告，吸引更多受众进店，从而增加销售量。

（2）视频分辨率为1920像素×1080像素，时长在15秒左右。

（3）广告信息明确，详细介绍促销活动的具体内容，强调优惠力度，并在广告中展示热销的益智玩具。

（4）整体色调明亮、活泼，符合儿童审美，背景音乐欢快。

操作思路

（1）基于视频素材新建序列，添加并剪辑视频素材，适当调整视频播放速度。

（2）在"Lumetri颜色"面板中依次调整"基本校正""创意""曲线"栏的参数，使画面更加明亮、色彩饱和度更高。

（3）依次拖曳益智玩具素材到不同轨道中，适当调整素材的大小和位置，利用"不透明度"和"位置"属性的关键帧依次制作动画，嵌套序列后再抠取出益智玩具。

（4）输入文本并调整文本样式，利用过渡效果制作文本渐显动画。

效果预览

店铺促销活动广告

（5）添加Logo素材，调整素材的大小和位置，以及出点。

具体制作过程如图6-63所示。

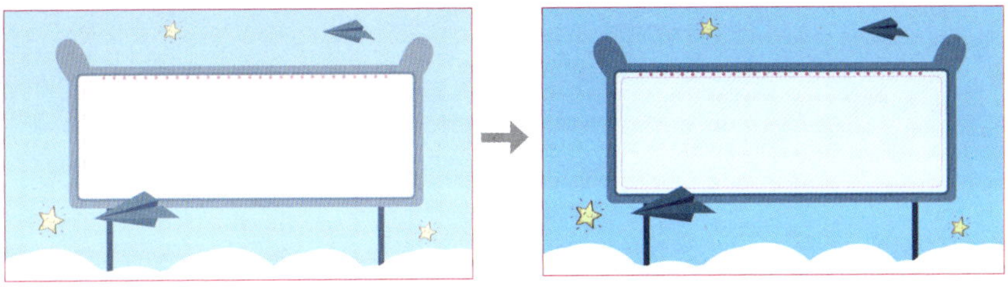

①调整视频播放速度和画面色彩

②制作动画并抠取益智玩具

③添加文本、Logo并制作文本渐显动画

图6-63　店铺促销活动广告制作过程

实训3　制作茶文化广告

实训要求

（1）为弘扬茶文化制作一则茶文化广告，提升公众对茶文化的认知与兴趣。

（2）视频分辨率为1920像素×1080像素，时长在25秒左右。

（3）广告内容与茶文化相关，展现茶文化的独特魅力。

（4）添加字幕以科普茶文化，同时确保字幕的完整性和准确性。

操作思路

（1）剪辑素材并调整播放速度，再添加音频素材并调整出点。

（2）利用"Lumetri颜色"面板优化每个视频素材的色彩，使画面干净、透亮。

（3）在视频素材之间应用视频过渡效果，并在"效果控件"面板中调整过渡效果的样式，在音频素材的前后应用音频过渡效果，制作淡入淡出的效果。

（4）在"文本"面板中创建字幕并依次输入文本，再统一调整文本样式。

效果预览

茶文化广告

具体制作过程如图6-64所示。

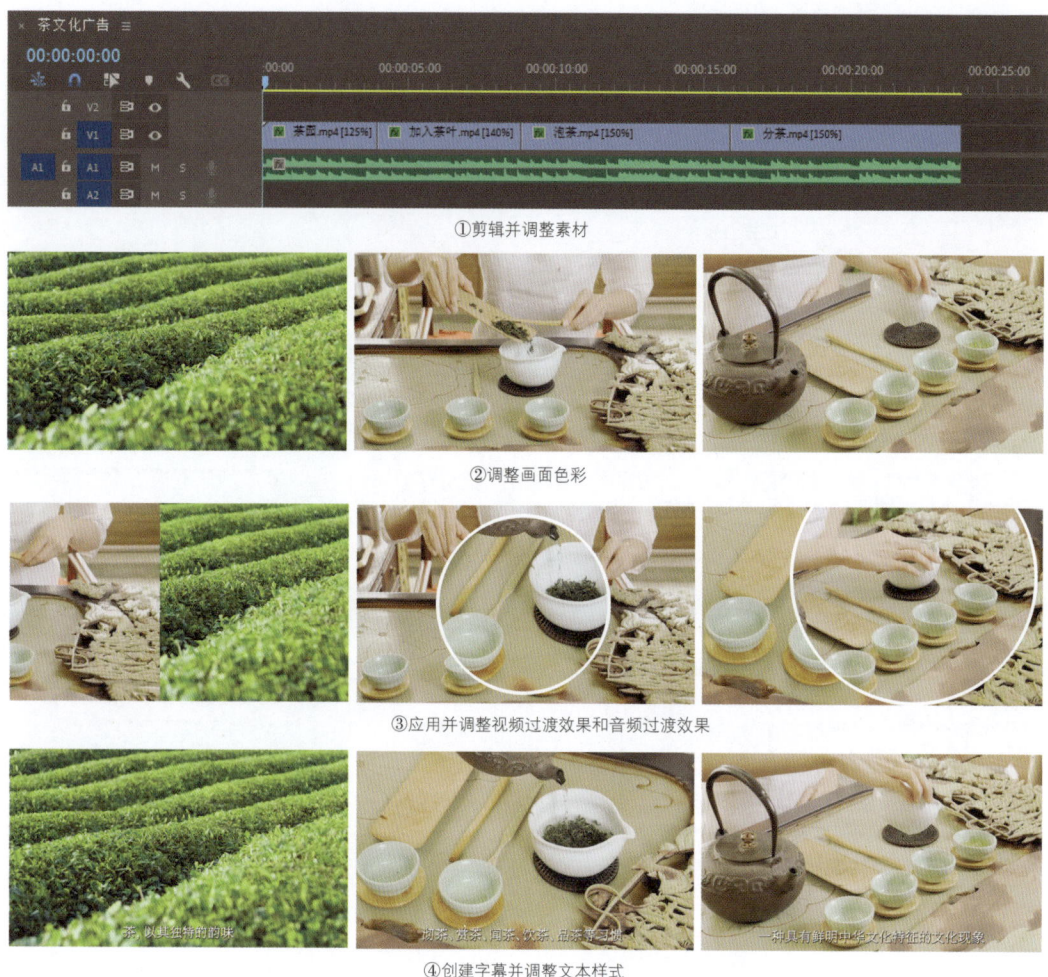

①剪辑并调整素材

②调整画面色彩

③应用并调整视频过渡效果和音频过渡效果

④创建字幕并调整文本样式

图6-64　茶文化广告制作过程

实训 4　制作零食礼包产品广告

实训要求

（1）为新上市的零食礼包制作产品广告，以吸引受众的关注，从而提高产品销量。

（2）视频分辨率为1920像素×1080像素，时长为12秒左右。

（3）展示零食礼包，添加动态元素以增强视觉冲击力。

（4）在广告结尾添加零食礼包的卖点，激发受众的购买欲望。

操作思路

（1）添加背景素材并加强色彩对比，添加线条素材并调整其大小，利用混

效果预览

零食礼包产品广告

合模式将其融入背景中。

（2）抠取零食礼包，利用"缩放"和"位置"属性制作动画。

（3）抠取装饰元素，调整其大小和位置，再调整其出现的时长。

（4）添加卖点文本，利用视频过渡效果制作文本渐显动画。

具体制作过程如图6-65所示。

①制作背景画面

②抠取零食礼包并制作动画

③抠取装饰元素并制作文本渐显动画

图6-65　零食礼包产品广告制作过程

6.6　AI辅助设计

通义千问　撰写广告文案

通义千问是阿里巴巴达摩院自主研发的大语言模型，其诞生源于阿里巴巴对AI技术的探索和实践，旨在为各行各业提供优质的自然语言处理服务。在视频编辑领域，通义千问可以为制作人员提供创意指导、推荐资源、分析行业趋势、规划视频内容等。例如，使用通义千问为"关爱动物"公益广告撰写广告文案。

使用方式：提问

提问方式：交代背景＋告知需求＋补充说明

　　示例：某宣传部门准备制作一则以"关爱动物"为主题的公益广告，旨在通过情感共鸣与理性引导相结合的方式，激发社会各界对动物保护事业的关注与支持，因此需要请你为该公益广告撰写相关文案，从情感共鸣、知识普及、行动呼吁和正面激励4个方面来写。

> 某宣传部门准备制作一则以"关爱动物"为主题的公益广告，旨在通过情感共鸣与理性引导相结合的方式，激发社会各界对动物保护事业的关注与支持，因此需要请你为该公益广告撰写相关文案，从情感共鸣、知识普及、行动呼吁和正面激励4个方面来写。
>
> 【开场画面】轻柔的音乐中，晨光透过树叶的缝隙，温柔地照在一只小猫的身上。画面缓缓推进，展示不同种类的动物和谐共生的场景，配以温暖的旁白。
>
> 【旁白】（温柔而深情）在这个多彩的世界里，每一个生命都值得被温柔对待。它们不会言语，却以最纯粹的方式回应着这个世界——无条件的信任与爱。
>
> 【情感共鸣】
> （镜头切换至人与动物互动的温馨瞬间：孩子与小狗嬉戏，老人轻轻抚摸着猫咪，救援人员解救受困的野生动物）
> 【旁白】每一次抚摸，每一个眼神交流，都是心灵深处最真挚的情感流淌。在它们的眼中，我们看到了依赖，也映照出我们内心深处的善良与责任。这不仅是它们的故事，也是我们共同编织的温情篇章。
>
> 【知识普及】
> （画面转为简洁明快的动画，解释动物保护的重要性和现状）
> 【旁白】但你知道吗？许多动物正面临栖息地丧失、非法贸易和环境变化的威胁。每一种动物的消失，都是地球生态链上不可弥补的损失。保护它们，就是保护我们共同的家园，维护生物多样性，让这个星球更加生机勃勃。
>
> 【行动呼吁】
> （展示志愿者参与动物保护活动、人们选择可持续生活方式的画面）
> 【旁白】加入我们，用实际行动传递关爱。无论是领养而非购买，减少一次性塑料使用，还是参与当地的保护项目，每一小步都是对生命的尊重与守护。你的选择，可以成为改变世界的力量。
>
> 【正面激励】
> （画面展现动物在得到救助后快乐生活的场景，以及人们因帮助动物而获得的笑容）
> 【旁白】当我们伸出援手，不仅给予了它们新生，也在自己心中种下了幸福的种子。这份爱，如同回声，在广阔天地间久久回响。让我们携手，共创一个所有生命都能和谐共存的美好未来。
>
> 【结尾】
> 画面新淡出，出现宣传标语："关爱动物，从我做起。一起，我们能让世界更加温暖。"背景音乐渐强，屏幕下方滚动播放动物保护组织的信息和联系方式，鼓励观众加入保护行动。
>
> 【结束语】
> （温暖而坚定）因为爱，所以行动。期待与你并肩，为这个星球上的每一个生命，绘出最灿烂的色彩。

一帧秒创　**根据文案生成视频**

　　一帧秒创是基于新壹视频大模型以及一帧人工智能生成内容（Artificial Intelligence Generated Content，AIGC）智能引擎的内容生成平台，提供图文转视频、数字人、AI帮写、AI作画等功能。在视频编辑领域，制作人员可以利用图文转视频功能生成需要的视频素材，同时还能剪辑视频、调整背景音乐和配音等，有效提高工作效率。例如，使用一帧秒创为"关爱动物"公益广告的文案生成视频。

使用方式：根据文案生成视频

使用方式：输入文案 → 设置参数 → 编辑文稿 → 选择分类 → 调整视频 → 生成视频
关键参数：标题、文案、匹配范围、比例、分类、背景音乐、配音等

标题： 关爱动物公益广告。

文案： 在这个多彩的世界里，每一个生命都值得被温柔对待。它们不会言语，却以
最纯粹的方式回应着这个世界。

匹配范围： 在线素材。

比例： 横版（16∶9）。

分类： 全部。

调整视频： 根据需要可将生成的视频片段替换为一帧秒创视频库中的视频素材，还
可插入文本、添加背景音乐和配音。

示例效果：

拓展训练

请参考上文提供的通义千问和一帧秒创的使用方法，为柠檬产品广告撰写文案，并根据文案生成视频，提高对通义千问和一帧秒创的应用能力。

6.7 课后练习

1. 填空题

（1）_____广告旨在向目标受众介绍、推广特定的产品，引导目标受众购买广告主所提供的产品。

（2）_____又称公共服务广告，即不以营利为目的，为公共利益服务的广告。

（3）默认情况下，在"文本"面板中创建的字幕都会居中显示在_____的底部。

（4）使用通义千问撰写广告文案时，制作人员可采用_____+_____+_____的方式提问。

2. 选择题

（1）【单选】下列词语中，可以出现在广告中的是（　　）。

A. 最高级　　　　　B. 转发抽奖　　　　C. 王牌　　　　　　D. 最佳

（2）【单选】在（　　）面板中可以通过"基本校正""创意"等栏中的参数调整素材画面的色彩。

A. "效果控件"　　B. "效果"　　　　　C. "Lumetri颜色"　D. "项目"

（3）【多选】制作活动广告时，为了鼓励受众分享活动信息，可以增添（　　）福利作为激励机制。

A. 参加抽奖　　　　B. 获得专属折扣　　C. 送小礼品　　　　D. 获得优惠券

（4）【多选】应用过渡效果时，可以将其添加到（　　）。

A. 素材入点处　　　B. 素材中间处　　　C. 素材出点处　　　D. 两个素材之间

3. 操作题

（1）以"森林防火"为主题制作一则公益广告，要求主题明确，画面美观、色彩饱和，字幕内容能够引发受众的情感共鸣，并在片尾处通过具有呼吁效果的文本激发受众对森林防火的行动意愿，参考效果如图6-66所示。

图6-66　"森林防火"公益广告参考效果

（2）为某平台的购物节制作一个活动广告，用于投放到平台主页中，要求视觉效果丰富，能够快速吸引受众注意，同时画面中要展现出具体的活动时间，参考效果如图6-67所示。

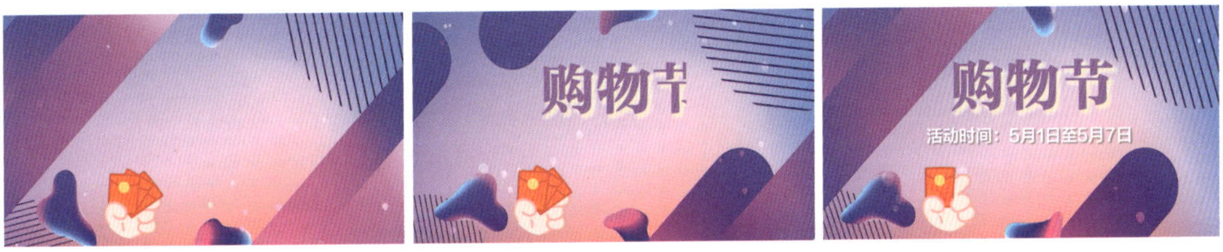

图6-67　购物节活动广告参考效果

（3）使用通义千问为“植树造林”公益广告撰写广告文案，参考效果如图6-68所示。再使用一帧秒创为其中的部分文案生成视频，参考效果如图6-69所示。

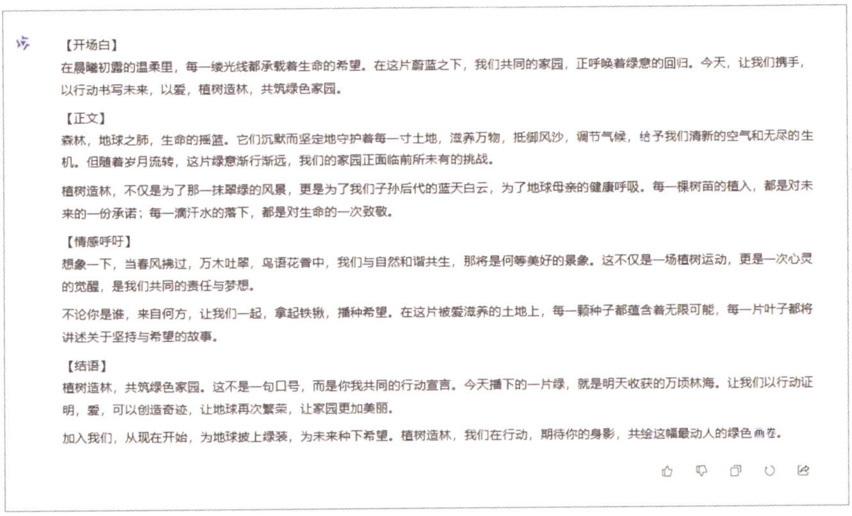

【开场白】

在晨曦初露的温柔里，每一缕光线都承载着生命的希望。在这片蔚蓝之下，我们共同的家园，正呼唤着绿意的回归。今天，让我们携手，以行动书写未来，以爱，植树造林，共筑绿色家园。

【正文】

森林，地球之肺，生命的摇篮。它们沉默而坚定地守护着每一寸土地，滋养万物，抵御风沙，调节气候，给予我们清新的空气和无尽的生机。但随着岁月流转，这片绿意渐行渐远，我们的家园正面临前所未有的挑战。

植树造林，不仅是为了那一抹翠绿的风景，更是为了我们子孙后代的蓝天白云，为了地球母亲的健康呼吸。每一棵树苗的植入，都是对未来的一份承诺；每一滴汗水的落下，都是对生命的一次致敬。

【情感呼吁】

想象一下，当春风拂过，万木吐翠，鸟语花香中，我们与自然和谐共生，那将是何等美好的景象。这不仅是一场植树运动，更是一次心灵的觉醒，是我们共同的责任与梦想。

不论你是谁，来自何方，让我们一起，拿起铁锹，播种希望。在这片被爱滋养的土地上，每一颗种子都蕴含着无限可能，每一片叶子都将讲述关于坚持与希望的故事。

【结语】

植树造林，共筑绿色家园。这不是一句口号，而是你我共同的行动宣言。今天播下的一片绿，就是明天收获的万顷林海。让我们以行动证明，爱，可以创造奇迹，让地球再次繁荣，让家园更加美丽。

加入我们，从现在开始，为地球披上绿装，为未来种下希望。植树造林，我们在行动，期待你的身影，共绘这幅最动人的绿色画卷。

图6-68　撰写广告文案的参考效果

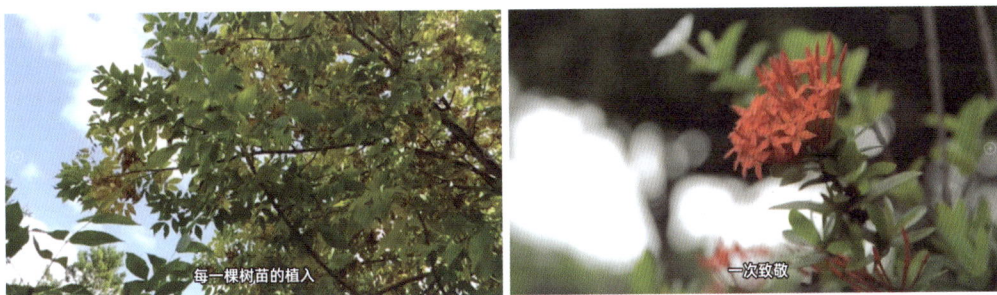

图6-69　生成视频的参考效果

Pr

第 **7** 章

自媒体短视频制作

自媒体是一种普通大众通过网络等途径向外发布他们自身的故事和新闻的传播方式。随着移动互联网的快速发展，人们能够随时随地拍摄、编辑和分享视频，自媒体短视频因其传播速度快、互动性强、内容多样化的特点，成为自媒体领域中广受欢迎的内容形式。

学习目标

▶ 知识目标

◎ 了解自媒体短视频的类型。
◎ 掌握自媒体短视频的制作要点。

▶ 技能目标

◎ 能够使用 Premiere 制作不同类型的自媒体短视频。
◎ 能够借助 AI 工具生成短视频内容思维导图和数字人播报。

▶ 素养目标

◎ 具备高度的社会责任感，确保自媒体短视频的内容积极向上。
◎ 不忘初心，坚持深度挖掘与理性思考，致力于成为有思想、有深度的自媒体短视频创作者。

学习引导 📊

STEP 1 相关知识学习　　　　　　　建议学时：___1___学时

课前预习	1. 扫码了解自媒体和自媒体短视频的发展历程，建立对自媒体短视频的基本认识 2. 网络搜索自媒体短视频案例，通过欣赏自媒体短视频作品提升内容创作能力
课堂讲解	1. 自媒体短视频的类型及对应的制作思路 2. 自媒体短视频的制作要点
重点难点	1. 学习重点：不同类型自媒体短视频的特点 2. 学习难点：如何使短视频更具吸引力，如何灵活运用蒙版提升短视频创意

课前预习

STEP 2 案例实践操作　　　　　　　建议学时：___3___学时

实战案例	1. 制作旅游记录Vlog 2. 制作历史人物解说短视频 3. 制作动物卡点趣味短视频	**操作要点**	1. 蒙版、"颜色键"效果的应用 2. 语音转文本的应用 3. 添加标记的应用

案例欣赏

STEP 3 技能巩固与提升　　　　　　建议学时：___4___学时

拓展训练	1. 制作博物馆藏品科普短视频 2. 制作美食教程短视频 3. 制作秒变漫画趣味短视频
AI 辅助设计	1. 使用TreeMind树图生成短视频内容思维导图 2. 使用腾讯智影生成数字人播报
课后练习	通过填空题、选择题和操作题巩固理论知识，提升设计能力与实操能力

7.1 行业知识：自媒体短视频制作基础

自媒体短视频是指由个人或团队制作、发布和运营的短视频，这些短视频方便受众利用碎片化时间观看，受众可以对这些短视频进行评论、点赞和分享等互动操作。这类短视频能在社交媒体、视频网站、短视频平台等渠道中迅速传播，具有娱乐性、教育性和社交性等特点。

7.1.1 自媒体短视频的类型

随着智能手机的普及和视频编辑软件的不断发展，创作自媒体短视频的门槛显著降低，自媒体短视频的内容和形式也逐渐多样化，涵盖了各种主题和形式，丰富了受众的日常生活。自媒体短视频的主要类型如下。

● Vlog。Vlog是Video Blog或Video Log的缩写，意为视频记录或视频博客，是指通过影像记录并分享个人的日常生活、旅行体验、工作心得等。在制作Vlog时，需要注意控制视频的剪辑节奏，可以适当添加一些贴纸、特效元素，来增强视频的视觉效果和表现力，同时还能突出个人风格。图7-1所示为某博主发布的日常Vlog，展示了该博主日常生活中的所见所闻。该Vlog中添加了字幕对画面进行简要说明，添加了可爱贴纸进行装饰，它是日后可供回顾的宝贵记录。

图7-1　日常Vlog

● 趣味短视频。趣味短视频以幽默、搞笑、轻松、有趣等的内容为主，娱乐性较强，能够使受众产生愉悦的心情。在制作趣味短视频时，需要抓住受众的兴趣点，确保内容的趣味性和吸引力，营造轻松愉快的氛围。图7-2所示为某宠物博主以猫咪为主体拍摄的趣味短视频，该短视频中博主使用逗猫棒与猫咪进行互动，展现猫咪活泼可爱的一面，让受众在观看过程中感受到纯粹的快乐与治愈。

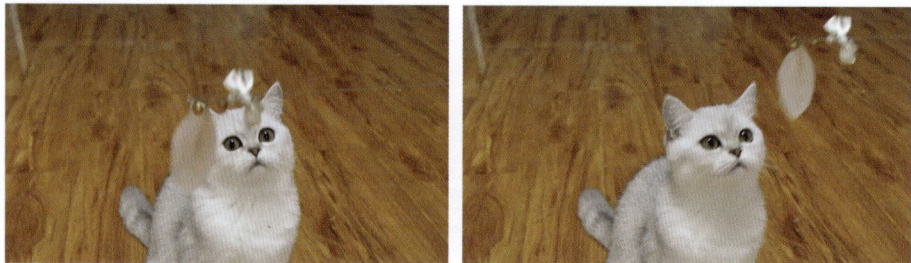

图7-2　趣味短视频

● **科普短视频**。科普短视频以传播科学知识、解释科学现象为主要目的，内容涵盖天文、地理、生物、物理、化学等多个领域。科普短视频旨在提高受众的科学素养和认知能力，因此在制作时，需要确保信息来源的可靠性和准确性，避免误导受众。另外，可以使用简洁明了的语言来解释复杂概念，使科学知识更易于理解和接受。图7-3所示的科普短视频，以直观、生动且易于理解的方式，向受众普及关于冰箱的正确使用方法，从而帮助大家更有效地利用冰箱，同时培养正确的食品储存习惯。

图7-3　科普短视频

● **解说短视频**。解说短视频通过旁白或字幕搭配相关的画面进行解释和说明，通常用于解说某个影视剧或图书内容，帮助受众快速了解影视剧或图书的主要情节、角色关系、关键情节背后的深层含义；或解说某个历史人物，通过丰富的历史资料，向受众介绍其一生、成就、影响及所处的时代背景等，增进受众对历史的了解、提高受众对历史的兴趣。在制作解说短视频时，需要运用相应的专业知识，确保信息的准确性，也可以提前规划好解说的内容框架，选择与解说内容相关联的画面，并根据内容调整解说风格。图7-4所示为某博主发布的历史人物陆游解说短视频，介绍了我国古代伟大诗人陆游的生平事迹、文学作品等，让受众更加全面、深入地了解这位历史人物。

图7-4　解说短视频

● **剧情短视频**。剧情短视频以讲述一个完整或节选的故事为主要内容，具有明确的情节发展和角色设定。剧情短视频具有较强的叙事性，通过故事引发受众的情感共鸣和思考。在制作剧情短视频时，制作人员需要具备较高的编剧和导演能力，以及清晰的视频剪辑思路，能将多个视频素材巧妙结合起来。图7-5所示为以"毕业季"为主题的剧情短视频，通过一系列温馨、感人、充满青春气息的场景，展现了毕业生的青春与活力。

图7-5 剧情短视频

● **技能/教程短视频**。技能/教程短视频以传授某种技能或教程为主要目的，如烹饪、化妆、编程等。技能/教程短视频的内容具有明确的实用价值和指导意义，通常按照一定的步骤或流程进行演示和讲解，或鼓励受众尝试并分享自己的实践经验和成果。在制作技能/教程短视频时，需要确保讲解的准确性和规范性，注重细节和关键点的展示，确保受众能够理解和掌握所讲内容。图7-6所示为制作番茄炒蛋的教程短视频，以清晰、直观的步骤确保受众能够轻松掌握这道美味佳肴的制作方法。

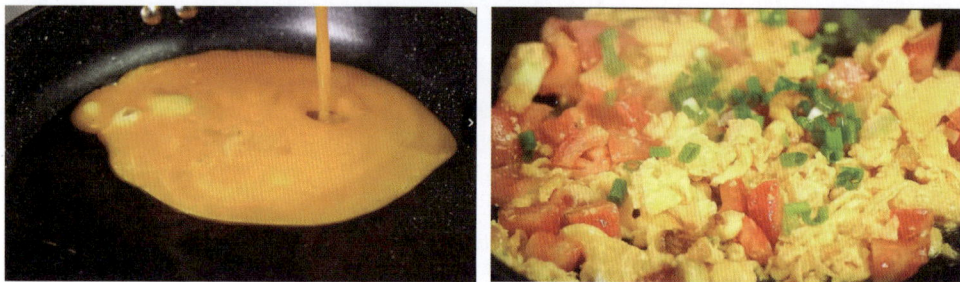

图7-6 技能/教程短视频

● **热点新闻短视频**。热点新闻短视频以报道和解读当前社会热点事件为主要目的，具有时效性和新闻性。热点新闻短视频的内容需要紧跟时事热点，及时报道和解读相关事件，并始终保持客观公正的态度。在制作热点新闻短视频时，需在视频开头迅速吸引受众注意，在中间部分详细阐述事件或话题，在结尾部分进行总结或引导受众思考。图7-7所示的热点新闻短视频以嫦娥六号成功登陆月球背面并带回月壤样本为核心事件，通过相关的画面和旁白解说，全方位展示了这一历史性的航天成就，激发了受众的民族自豪感和爱国情怀。

图7-7 热点新闻短视频

7.1.2　自媒体短视频的制作要点

优秀的自媒体短视频通常内容精练且富有创意，能巧妙运用音乐与音效营造出独特的氛围，逐渐吸引受众参与和互动。自媒体短视频的制作要点如下。

● **内容精练**。自媒体短视频的核心在于"短"，因此需要去除冗余镜头和片段，确保短视频内容紧凑、精练，合理安排情节发展，突出重点和亮点。

● **提升参与感和互动性**。在短视频中可以设置互动环节，如提问、投票、挑战等，鼓励受众参与并分享，增加短视频的互动性。

● **巧妙运用音乐与音效**。选择与短视频内容相符的背景音乐，营造氛围，增强情感表达。还可以适当添加音效，如环境声、动作声等，提升短视频的真实感和沉浸感。

● **提高创意性**。利用色彩搭配、构图等手法，以及各种装饰元素增强视觉效果，通过独特的视角、幽默的语言或新颖的表现形式来传达信息，使短视频更具吸引力。

7.2　实战案例：制作旅游记录Vlog

案例背景

某博主擅长用镜头捕捉日常生活中的精彩瞬间，因此经常在社交平台分享自己的生活。近期，她准备将自己拍摄的旅游素材制作成旅游记录Vlog。该博主对Vlog的要求如下。

（1）展示旅游中的风景和美食，在片头处添加标题。

（2）节奏紧凑，不拖沓，画面的视觉效果舒适。

（3）视频分辨率为1920像素×1080像素，时长在35秒左右，输出MP4格式的视频。

设计思路

（1）创意片头设计。在片头开始处添加进度条作为引入，然后利用分屏效果依次展示Vlog的主要内容，再突出标题文本。

（2）字幕设计。为部分视频画面添加简洁明了的字幕，提升Vlog的可看性。

（3）动效设计。为视频画面制作渐显动画和转场，再添加装饰元素，营造更加生动、有趣的视觉效果。

本例参考效果如图7-8所示。

效果预览

旅游记录Vlog

图7-8　旅游记录Vlog参考效果

图7-8　旅游记录Vlog参考效果（续）

操作要点

（1）结合蒙版、不透明度、缩放和位置等，以及"颜色键"效果制作创意片头，并在其中体现标题文本。

操作要点详解

（2）剪辑素材，利用蒙版路径和过渡效果制作渐显动画和转场。

（3）添加说明性字幕，再利用"颜色键"效果融入装饰元素。

7.2.1　制作创意片头

利用蒙版为4段旅游素材制作不规则的划分效果，同时添加录像模式的特效，增添视觉上的创意性与动态感，让受众感受到这段旅程的丰富性；然后在画面中间输入Vlog标题，并为其制作渐显效果。其具体操作如下。

微课视频

制作创意片头

（1）新建"旅游记录Vlog"项目，导入所有素材。新建分辨率为"1920像素×1080像素"、时基为"25帧/秒"、名称为"旅游记录Vlog"的序列。拖曳"进度条.mp4"素材到V1轨道中，并设置持续时间为"00:00:01:00"。

（2）依次拖曳"感受自然.mp4""石屏烤豆腐.mp4""羊群.mp4""铁板炒饭.mp4"素材至V1~V4轨道的00:00:01:00处，再统一调整出点至00:00:06:00处。

（3）选择"铁板炒饭.mp4"素材，在"效果控件"面板中设置位置为"661.0,296.0"、缩放为"70.0"，然后单击"不透明度"栏中的"创建4点多边形蒙版"按钮■，在画面中创建一个多边形蒙版，拖曳位于四角的控制点调整蒙版的形状，如图7-9所示。

（4）使用与步骤（3）类似的方法，依次调整其他3个视频素材的位置和缩放，然后利用蒙版调整显示区域，效果如图7-10所示。

图7-9　调整蒙版形状

图7-10　为其他素材创建并编辑蒙版后的效果

（5）将步骤（2）添加的4个视频素材嵌套为"片头背景"序列，然后将其向上平移至V2

轨道。新建一个白色遮罩，将其添加到V1轨道中。

（6）拖曳"录像模式.mp4"素材至V3轨道的00:00:01:00处，为其应用"颜色键"效果，在"效果控件"面板中设置主要颜色为"#000000"、颜色容差为"7"，如图7-11所示，画面前后对比效果如图7-12所示。

图7-11　设置"颜色键"参数

图7-12　画面前后对比效果

（7）双击"片头背景"嵌套序列，分别在00:00:00:00和00:00:00:15处为"铁板炒饭.mp4"素材添加不透明度为"0%""100%"的关键帧，制作出渐显的效果。使用类似的方法依次为其他3个视频添加不透明度关键帧，并使每隔15帧显示一个新的画面，效果如图7-13所示。

图7-13　画面依次显现的效果

（8）将播放指示器移至00:00:03:15处，选择"文字工具" T ，在画面中间输入"旅游记录Vlog"文字，设置标题文本样式，如图7-14所示，填充颜色和背景颜色均为"#FFFFFF"，勾选"阴影"复选框，其他设置保持默认。

（9）调整文本素材的出点至00:00:06:00处，拖曳"时钟式擦除"过渡效果到文本素材的入点处，标题文本的渐显效果如图7-15所示。

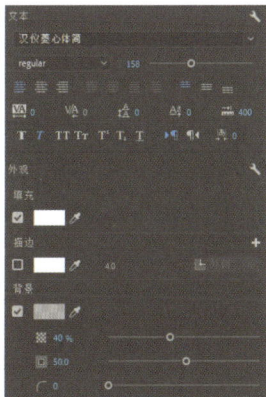

图7-14　设置标题文本样式

图7-15　标题文本的渐显效果

7.2.2 剪辑素材并制作渐显动画和转场

添加多个旅游素材，适当控制每个素材的时长，避免冗长，让Vlog的内容更加紧凑。然后利用蒙版路径将部分旅游素材的画面分割为3块，并使其逐渐显示，增添视觉层次感，再使用过渡效果在旅游素材之间制作转场。其具体操作如下。

（1）依次拖曳旅游素材到V2轨道中，除了作为片尾的"行走.mp4"素材时长为5秒外，其余素材时长均为3秒。拖曳"背景音乐.mp3"素材至A1轨道，然后调整该素材和"白色遮罩"素材的出点，使其与"行走.mp4"素材的出点对齐，如图7-16所示。

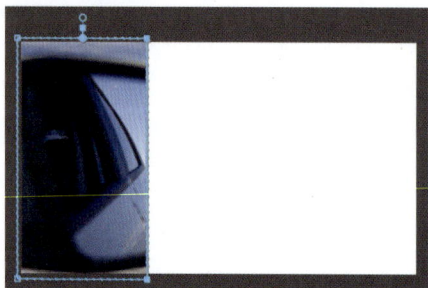

图7-16　添加并调整素材

（2）选择"自驾.mp4"素材，在"效果控件"面板的"不透明度"栏中单击"创建4点多边形蒙版"按钮 ，在画面中创建一个多边形蒙版，拖曳位于四角的控制点调整蒙版形状，使画面显示左侧大概三分之一的区域，如图7-17所示。

（3）使用与步骤（2）类似的方法，继续在画面中创建两个蒙版，并分别调整其形状，将画面分割为3块，如图7-18所示。

图7-17　创建并编辑蒙版

图7-18　创建并编辑另外两个蒙版

（4）将播放指示器移至00:00:07:05处，为第3个蒙版的"蒙版路径"属性开启关键帧，然后将播放指示器移至00:00:06:20处，调整蒙版路径，如图7-19所示，为右侧画面制作从上往下逐渐显示的效果。

（5）为第2个蒙版的"蒙版路径"属性开启关键帧，然后将播放指示器移至00:00:06:10处，调整蒙版路径，如图7-20所示，为中间画面制作从下往上逐渐显示的效果。

（6）使用与步骤（4）类似的方法，分别在00:00:06:10和00:00:06:00处为第1个蒙版的"蒙版路径"属性添加关键帧，为左侧画面制作从上往下逐渐显示的效果。蒙版路径的动画效果如图7-21所示。

图7-19 调整第3个蒙版的路径　　　　图7-20 调整第2个蒙版的路径

图7-21 蒙版路径的动画效果

（7）在"效果控件"面板中单击"不透明度"栏，按【Ctrl+C】组合键复制，然后选择"火锅.mp4"素材，并将播放指示器移至该素材入点处，按【Ctrl+V】组合键粘贴，复制蒙版路径的动画，使用相同的方法再将其粘贴至"感受自然.mp4"素材入点处，其他画面的渐显动画如图7-22所示。

图7-22 其他画面的渐显动画

（8）在未添加蒙版的视频素材入点处应用"内滑"过渡效果，画面转场效果如图7-23所示。

图7-23 应用"内滑"过渡效果的画面转场效果

7.2.3 添加文本和装饰元素

根据画面中的景象输入字幕，表达博主当时的想法或对景象进行补充说明，帮助受众更好地理解Vlog，另外还可以添加装饰元素，使Vlog更加生动有趣。其具体操作如下。

微课视频

添加文本和装饰元素

（1）将播放指示器移至00:00:09:00处，使用“文字工具”T在画面中输入“可爱的小羊”文字，修改文本字体为“方正少儿简体”，取消背景和阴影，然后适当调整文本的大小和位置，再调整该文本素材的出点至00:00:12:00处。

（2）拖曳“动态线条.mp4”至V4轨道的00:00:09:00处，应用“颜色键”效果，设置主要颜色为“#000000”、颜色容差为“50”，然后将该素材移至文本左上角位置，并适当调整大小。在“羊群”画面对应的文本素材和装饰元素的入点处应用“急摇”过渡效果，画面效果如图7-24所示。

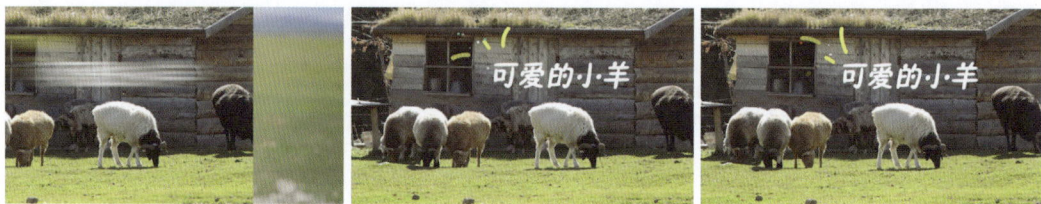

图7-24 “羊群”画面效果

（3）使用与步骤（1）、步骤（2）类似的方法，为其他画面添加字幕和装饰元素，同时应用“颜色键”效果去除装饰元素中的黑色，再应用“急摇”“内滑”过渡效果，“时间轴”面板如图7-25所示。

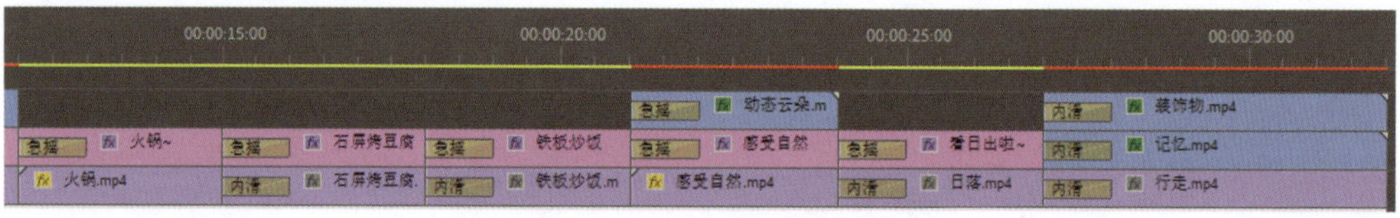

图7-25 添加文本和装饰元素并应用过渡效果后的“时间轴”面板

（4）查看画面最终效果，如图7-26所示。导出MP4格式的文件，最后按【Ctrl+S】组合键保存文件。

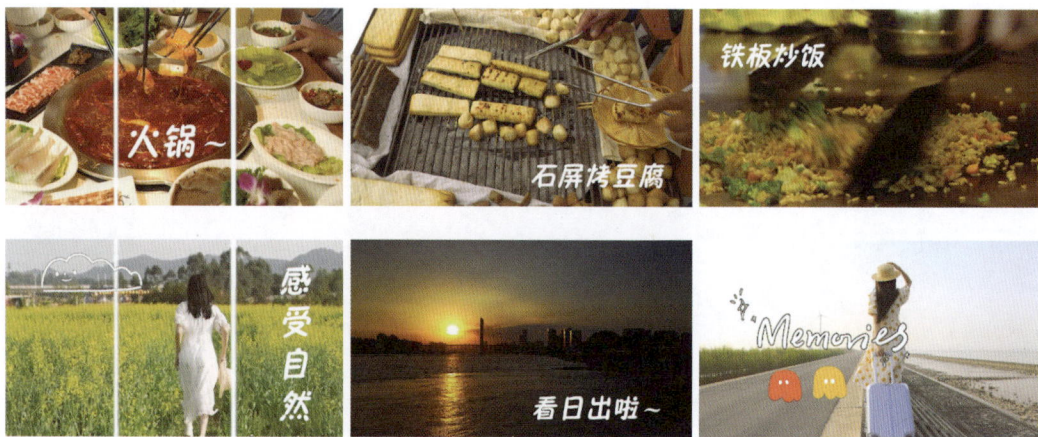

图7-26 查看画面最终效果

7.3 实战案例：制作历史人物解说短视频

案例背景

为弘扬中华优秀传统文化，某自媒体团队决定制作一系列历史人物解说短视频，首期将聚焦于儒家学派创始人——孔子，为受众介绍孔子的基本信息和道德学说的大致内容。该自媒体团队对解说短视频的要求如下。

（1）视频画面与孔子相关，根据提供的音频生成字幕，确保字幕内容准确。

（2）在介绍时添加孔子的画像，加深受众的印象。

（3）视频分辨率为1920像素×1080像素，时长在40秒左右，输出MP4格式的视频。

设计思路

（1）片头设计。使用孔子雕像的视频作为片头的背景，并添加文本以突出该解说短视频主题。

（2）解说画面设计。解说画面可采用简洁的左右排版方式，分别放置孔子的画像以及字幕内容，背景可选用具有历史感的棕色。

（3）配音与字幕设计。配音语速适中、清晰可辨，字幕样式可选择具有文化底蕴且易识别的字体。

本例参考效果如图7-27所示。

效果预览

历史人物解说短视频

图7-27 历史人物解说短视频参考效果

设计大讲堂

在制作历史题材、复古风格、文化遗产记录或时代回顾等类型的视频时，若要营造具有历史感的画面，色调可以棕色系为主，给人以温暖、复古和沉稳的感觉，还可以加入纸质纹理、旧照片边框、磨损边缘等元素，模拟时间流逝的痕迹。

操作要点

（1）利用"Lumetri颜色"面板优化片头背景的色彩，利用"划出"过渡效果为主题文本制作动画。

（2）使用混合模式制作人物介绍画面的背景，再利用"粗糙边缘"效果调整图像显示效果。

操作要点详解

（3）将语音转为文本，修改其中有错误的文本后再生成字幕。

7.3.1　制作片头

微课视频

制作片头

使用拍摄的孔子雕像视频作为片头，并利用"Lumetri颜色"面板优化画面色彩，然后为解说短视频的主题"儒家学派创始人——孔子"制作渐显效果。其具体操作如下。

（1）新建"历史人物解说短视频"项目，导入所有素材。新建分辨率为"1920像素×1080像素"、时基为"25帧/秒"、名称为"历史人物解说短视频"的序列。

（2）在"项目"面板中双击"孔子雕像航拍.mp4"素材，然后在"源"面板中设置入点和出点分别为"00:01:04:03""00:01:11:02"。

（3）拖曳"孔子雕像航拍.mp4"素材至V1轨道，然后在"Lumetri颜色"面板的"基本校正"栏中设置图7-28所示的参数，画面色彩前后对比效果如图7-29所示。

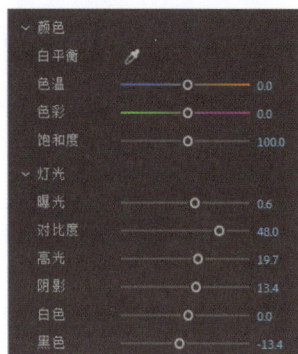

图7-28　调整画面色彩

图7-29　画面色彩前后对比效果

（4）将播放指示器移至00:00:02:00处，选择"文字工具" T，在画面下方输入"儒家学派创始人——孔子"文字，设置主题文本样式，如图7-30所示，主题文本效果如图7-31所示。

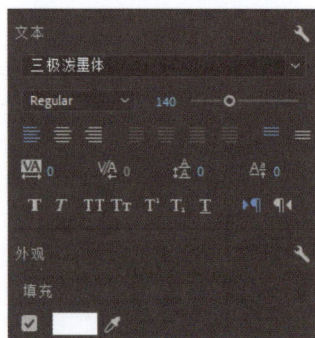

图7-30　设置主题文本样式

图7-31　主题文本效果

（5）在"效果"面板中搜索"划出"过渡效果，将该过渡效果拖曳至文本素材的入点处，然后在"效果控件"面板中设置持续时间为"00:00:02:00"，文本渐显效果如图7-32所示。

图7-32　文本渐显效果

7.3.2　制作画面背景并添加人物素材

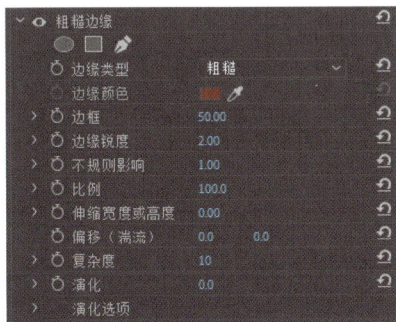

利用混合模式将棕色背景和牛皮纸纹理图像相结合，制作出具有历史感的背景画面，然后添加孔子的图像，并利用"粗糙边缘"效果在图像边缘制作出磨损效果，使其更具年代感。其具体操作如下。

微课视频

制作画面背景
并添加人物素材

（1）新建颜色为"#9D7958"、名称为"背景"的颜色遮罩，将其拖曳至V1轨道，再拖曳"牛皮纸纹理.jpg"素材至V2轨道。

（2）选择"牛皮纸纹理.jpg"素材，在"效果控件"面板中设置缩放为"208.0"、混合模式为"柔光"，两层画面的结合效果如图7-33所示。

图7-33　两层画面的结合效果

（3）拖曳"孔子.jpg"素材至V3轨道，设置缩放为"120.0"，再将其移至画面左侧。在"效果"面板中搜索"粗糙边缘"效果，双击该效果进行应用，然后在"效果控件"面板中设置图7-34所示的参数，图像效果如图7-35所示。

图7-34　设置"粗糙边缘"效果参数

图7-35　图像效果

7.3.3 语音转文本并生成字幕

利用"文本"面板将介绍孔子的音频转成文本，修改其中有错误的文本并分成两个段落，然后利用文本生成字幕，先调整字幕内容，再调整其样式，将其放置在孔子图像右侧。其具体操作如下。

（1）拖曳"基本信息.mp3"素材到A1轨道的00：00：07：00处，再拖曳"道德学说.mp3"素材至"基本信息.mp3"素材右侧。

（2）打开"文本"面板，在"转录文本"选项卡中单击 转录 按钮，转录完成后的文本将显示在该面板中。此时其中有部分文本和标点有误，因此需要修改。双击文本激活文本框，然后在其中进行修改，修改完成后单击文本框外的任意区域，修改前后的对比效果如图7-36所示。

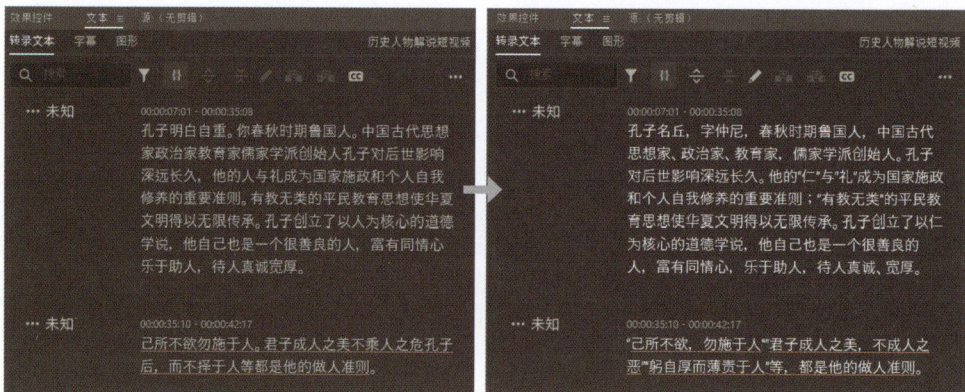

图7-36　修改文本内容前后的对比效果

（3）由于生成的两段文本与两个音频不匹配，因此需要重新调整。将鼠标指针移至第一段文本中的"孔子创立"文本前，按住鼠标左键不放并拖曳鼠标指针至该文本的最后，然后释放鼠标左键，单击上方的"拆分区段"按钮 ，拆分后的效果如图7-37所示。

（4）按住【Ctrl】键的同时单击后两段文本，单击上方的"合并区段"按钮 进行合并，合并后的效果如图7-38所示。

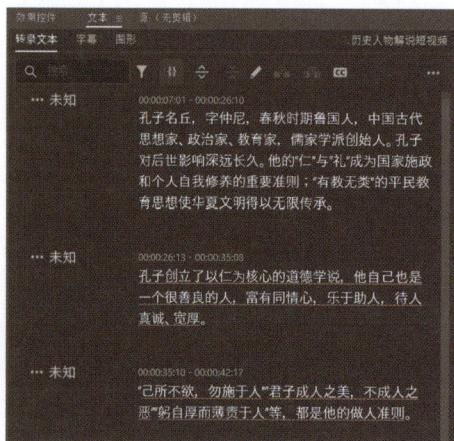

图7-37　拆分区段效果

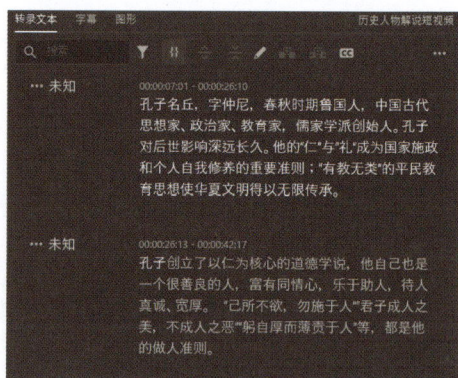

图7-38　合并区段效果

（5）单击"文本"面板中的"创建说明性字幕"按钮 <kbd>CC</kbd>，打开"创建字幕"对话框，保持默认设置，单击 <kbd>创建字幕</kbd> 按钮，如图7-39所示。

（6）使用与步骤（4）类似的方法合并部分字幕，处理后的字幕效果如图7-40所示。

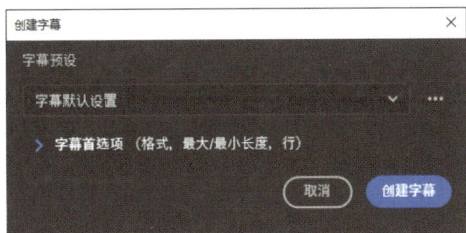

图7-39　创建字幕

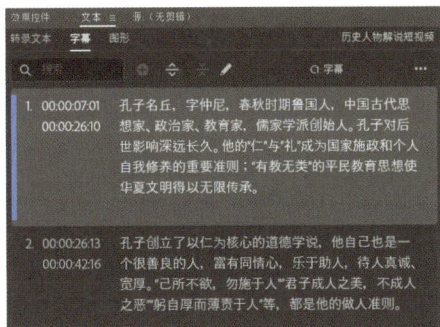

图7-40　处理后的字幕效果

（7）在"时间轴"面板中选择第一段字幕，在"基本图形"面板中修改字体为"思源宋体"、字体大小为"60"、字距为"80"、行距为"20"，并在"节目"面板中调整字幕框的大小和位置，效果如图7-41所示。

（8）在"基本图形"面板的"轨道样式"栏中单击"推送至轨道或样式"按钮 <kbd>↑</kbd>，打开"推送样式属性"对话框，单击 <kbd>确定</kbd> 按钮，然后将播放指示器移至第二段字幕的入点处，在"节目"面板中调整字幕框的大小和位置，效果如图7-42所示。

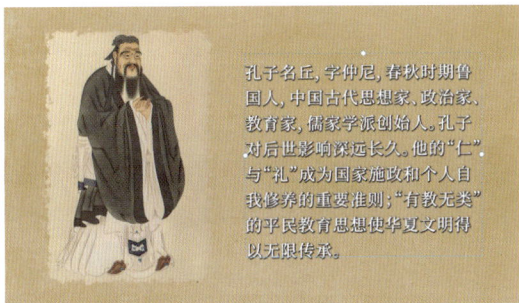

图7-41　调整字幕效果

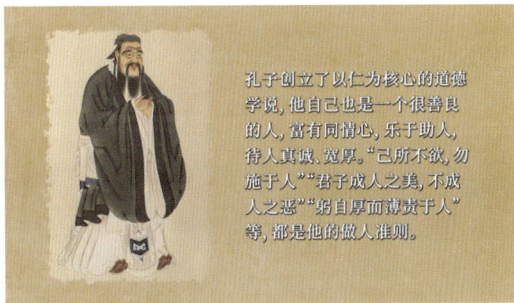

图7-42　调整其他字幕的效果

（9）导出MP4格式的文件，最后按【Ctrl+S】组合键保存文件。

7.4　实战案例：制作动物卡点趣味短视频

案例背景

某动物园准备利用自媒体账号发布一则关于园区内动物的卡点趣味短视频，以吸引更多游客前来游览，具体要求如下。

（1）选取多种动物的有趣瞬间，以吸引受众视线，使其产生兴趣。

（2）画面美观，视觉效果要与背景音乐契合。

（3）视频分辨率为720像素×1280像素，时长在6秒左右，输出MP4格式的视频。

设计思路

（1）画面设计。主要展示各种动物的图像和视频。

（2）音频设计。选择节奏感强的背景音乐，具有一定的感染力。

（3）卡点设计。调整素材的时长，确保对应音乐的节奏点，营造流畅且富有动感的观看体验。

本例参考效果如图7-43所示。

效果预览

动物卡点趣味
短视频

图7-43　动物卡点趣味短视频参考效果

操作要点

操作要点详解

（1）增强音频音量，在音频中的鼓点处添加标记。

（2）根据标记添加并调整动物素材，应用过渡效果制作转场。

（3）使用"Lumetri颜色"面板优化部分素材的色彩。

7.4.1 调整音频音量并添加标记

试听背景音乐，利用"级别"属性增强音频的音量，从而凸显具有强烈节奏感的鼓点并为这些部分添加标记，以便后续制作卡点视频时更加精准。其具体操作如下。

微课视频

调整音频音量并
添加标记

（1）新建"动物卡点趣味短视频"项目，导入所有素材。新建分辨率为"720像素×1280像素"、时基为"25帧/秒"、名称为"动物卡点趣味短视频"的序列。

（2）拖曳"音频.mp3"素材至"时间轴"面板的A1轨道，试听音频，同时观察右侧的"音频仪表"面板，可发现音频的音量较低，如图7-44所示。在"效果控件"面板的"音量"栏中设置级别为"15dB"，此时音频的音量处于正常水平，如图7-45所示。

图7-44 试听音频   图7-45 调整后的音量

（3）通过拖曳播放指示器试听音频，将其拖曳到00:00:00:12处，可听到明显的鼓点声，此时可单击"节目"面板中的"添加标记"按钮 添加标记，便于后续在鼓点处添加素材。

（4）继续试听音频，使用与步骤（3）类似的方法，在后续的每个鼓点处添加标记，由于动物的视频素材和图像素材总共有12个，因此只需添加12个标记，然后适当调整音频出点，如图7-46所示。

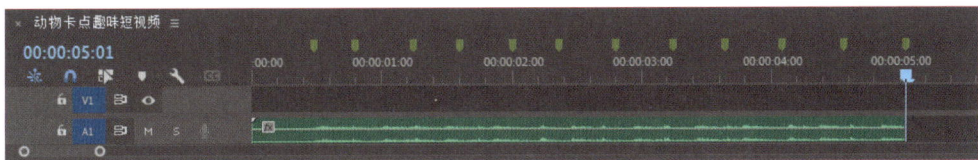

图7-46 添加标记并调整音频出点

7.4.2 添加素材并应用过渡效果

依次添加动物素材，并根据标记位置调整素材的入点和出点，使其能够与音频的标记契合，再应用"急摇"过渡效果制作转场，增强画面切换时的节奏感。其具体操作如下。

微课视频

添加素材并应用过渡效果

（1）在"项目"面板中双击"小熊猫.mp4"素材，在"源"面板中通过"仅拖动视频"按钮 将该素材的视频部分添加至V1轨道，并调整出点至00:00:00:12处，即第一个标记所在时间点，如图7-47所示。

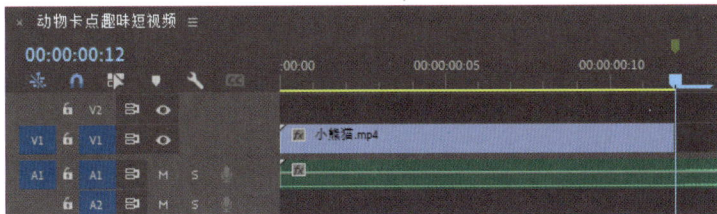

图7-47 添加"小熊猫.mp4"素材并调整出点

（2）使用与步骤（1）类似的方法，依次拖曳其他视频素材和图像素材至V1轨道，并根据标记的位置调整出点，如图7-48所示。

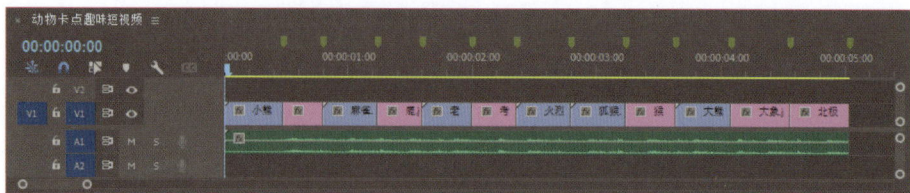

图7-48　添加其他素材并调整出点

（3）打开"效果"面板，展开"视频过渡"文件夹中的"内滑"文件夹，拖曳"急摇"过渡效果至V1轨道的第一个和第二个素材之间，并在"效果控件"面板中设置持续时间为"00:00:00:02"、对齐为"中心切入"，如图7-49所示，画面过渡效果如图7-50所示。

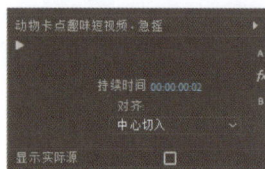

图7-49　调整过渡效果

图7-50　画面过渡效果

（4）使用与步骤（3）类似的方法，依次在其他素材之间添加"急摇"过渡效果，并调整持续时间和对齐，效果如图7-51所示。

图7-51　其他画面过渡效果

7.4.3 调整素材色彩

由于"鹿.jpg"和"火烈鸟.mp4"素材的画面色彩较为黯淡，因此可利用"Lumetri颜色"面板进行优化。其具体操作如下。

（1）选择"鹿.jpg"素材，在"Lumetri颜色"面板中设置图7-52所示的参数，画面调整前后对比效果如图7-53所示。

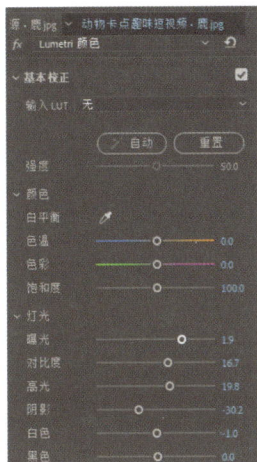

图7-52 调整"鹿.jpg"画面色彩   图7-53 "鹿.jpg"画面调整前后对比效果

（2）选择"火烈鸟.mp4"素材，在"Lumetri颜色"面板中设置图7-54所示的参数，画面调整前后对比效果如图7-55所示。

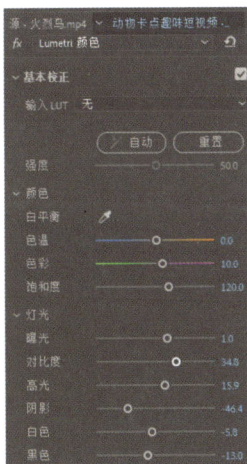

图7-54 调整"火烈鸟.mp4"画面色彩   图7-55 "火烈鸟.mp4"画面调整前后对比效果

（3）导出MP4格式的文件，最后按【Ctrl+S】组合键保存文件。

7.5 拓展训练

实训 1　制作博物馆藏品科普短视频

实训要求

（1）为博物馆中的6件藏品制作科普短视频，让受众能够从中获取到藏品的相关信息，激发受众对文化遗产的兴趣与保护意识。

（2）视频分辨率为1920像素×1080像素，时长在50秒左右。

（3）依次展示各个藏品，并利用动画使画面更加生动。另外，介绍藏品的相关字幕要清晰、可读性强。

操作思路

（1）添加背景素材至V1轨道，再添加与青花百寿字罐相关的素材到V2轨道中，适当调整位置和大小，然后嵌套为与藏品同名的序列。

（2）选择嵌套序列，分别为藏品的图像、名称和介绍创建蒙版，然后利用关键帧使3个蒙版中的内容逐渐显示。

效果预览

博物馆藏品科普
短视频

（3）在"项目"面板中复制5次嵌套序列，依次修改其中的藏品内容，然后依次复制并粘贴蒙版的关键帧，再适当调整蒙版的位置，制作同样的渐显动画。

（4）调整背景素材的出点，使其与V2轨道中最后一个视频素材出点对齐。

具体制作过程如图7-56所示。

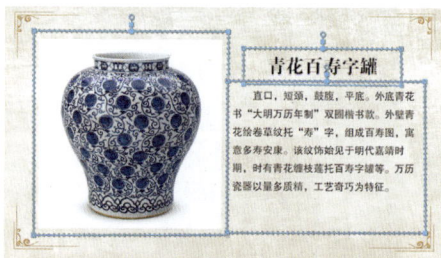

①排版画面并创建3个蒙版

②为蒙版依次制作渐显动画

图7-56　博物馆藏品科普短视频制作过程

③为其他藏品排版画面并制作蒙版动画

图7-56　博物馆藏品科普短视频制作过程（续）

实训 2　制作美食教程短视频

实训要求

（1）为"红烧小黄鱼"制作一则美食教程短视频，视频分辨率为1920像素×1080像素，时长在40秒左右。

（2）解说流畅，语速适中，根据解说音频内容调整字幕时长。

（3）画面内容要与字幕契合，帮助受众更好地理解制作步骤。

操作思路

（1）添加音频素材至A1轨道，将音频转录为文本，然后修改文本内容中的错别字，同时将逗号更改为空格，并删除句号，以便后续生成字幕。

（2）从转录文本生成字幕，并根据语言习惯进行断句，再根据音频内容适当调整单个字幕的入点和出点。

（3）添加视频素材，并根据字幕内容剪辑视频画面，梳理整个制作流程，再统一调整字幕的文本样式。

效果预览

（4）根据画面内容，在部分片段之间应用"圆划像"或"划出"过渡效果，使画面之间可以流畅过渡。

美食教程短视频

具体制作过程如图7-57所示。

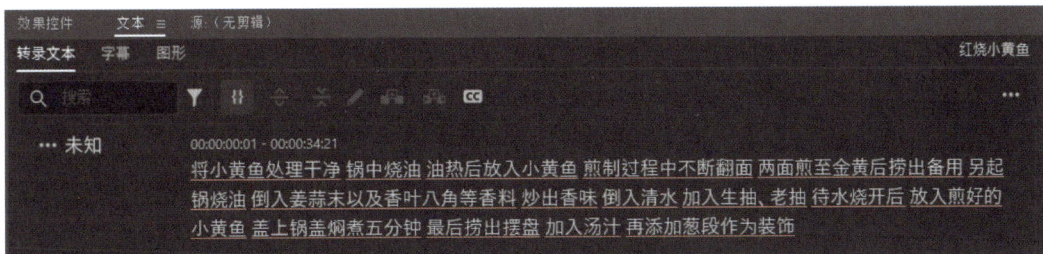

①将音频转录为文本并修改内容

图7-57　美食教程短视频制作过程

②从转录文本生成字幕并调整字幕的入点和出点

两面煎至金黄后捞出备用　　　待水烧开后 放入煎好的小黄鱼　　　再添加葱段作为装饰

③剪辑视频素材并调整字幕的文本样式

锅中烧油 油热后放入小黄鱼　　　两面煎至金黄后捞出备用

④应用视频过渡效果

图7-57　美食教程短视频制作过程（续）

实训 3　　**制作秒变漫画趣味短视频**

实训要求

（1）为提供的视频素材制作秒变漫画的趣味短视频，视频分辨率为1920像素×1080像素，时长在8秒左右。

（2）将视频素材处理为漫画风格，同时提高画面明亮度，使各视频素材的切换效果自然，具有动态感和趣味性。

操作思路

（1）添加视频素材并调整出点，为视频素材应用"查找边缘"效果，设置与原始图像混合为"70%"。

（2）复制视频素材到V2轨道，设置混合模式为"叠加"，在"Lumetri颜色"面板中适当调整画面的明暗度与对比度，再应用"画笔描边"或"棋盘"效果并适当调整参数。

（3）添加"漫画线条.mp4"素材到V3轨道，调整出点并设置混合模式为"滤色"，再将所有素材嵌套为"漫画风格"序列。

（4）在V2轨道中添加视频素材并调整出点，利用蒙版制作画面从左至右逐渐消失的动画效果，再绘制一个白色矩形随着左侧的蒙版路径移动。

效果预览

秒变漫画趣味
短视频

具体制作过程如图7-58所示。

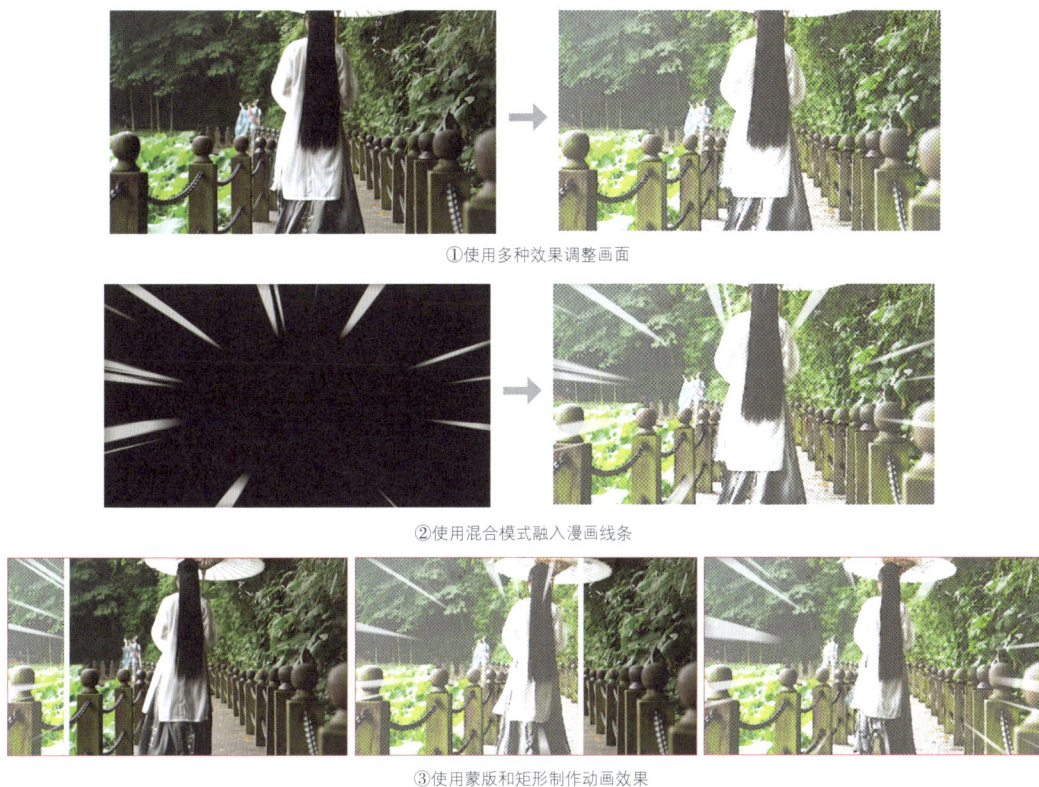

①使用多种效果调整画面

②使用混合模式融入漫画线条

③使用蒙版和矩形制作动画效果

图7-58　秒变漫画趣味短视频制作过程

7.6　AI辅助设计

TreeMind 树图　生成短视频内容思维导图

　　TreeMind树图是一款基于AI技术的在线思维导图工具，可以通过图形化的方式组织和呈现信息，支持多种应用场景的思维导图生成，如读书笔记、教学安排、工作计划、宣传文案、商业分析、活动策划等。TreeMind树图主要有以下3个功能。

● AI一句话生成思维导图。输入一句话或简短的描述，TreeMind树图便能自动将这句话拆解成不同的主题和子主题，并生成对应的思维导图。

● AI图片转思维导图。上传思维导图的图片，TreeMind树图可将其一键转换为可编辑的思维导图文件。

● AI文档总结为思维导图。上传文档后，TreeMind树图将自动总结文档内容，提取核心信息，并生成思维导图。

在视频编辑领域，制作人员可以利用该AI工具轻松地创建内容大纲，将视频的各个部分以思维导图的形式展现出来，通过详细的层次结构和逻辑关系，可以更清晰地展示视频的整体框架和细节。例如，利用思维导图为李白生平解说短视频生成内容大纲。

使用方式：AI一句话生成思维导图

使用方式：直接输入需求，生成思维导图后根据需要进行修改

需求：为李白生平解说短视频生成思维导图。

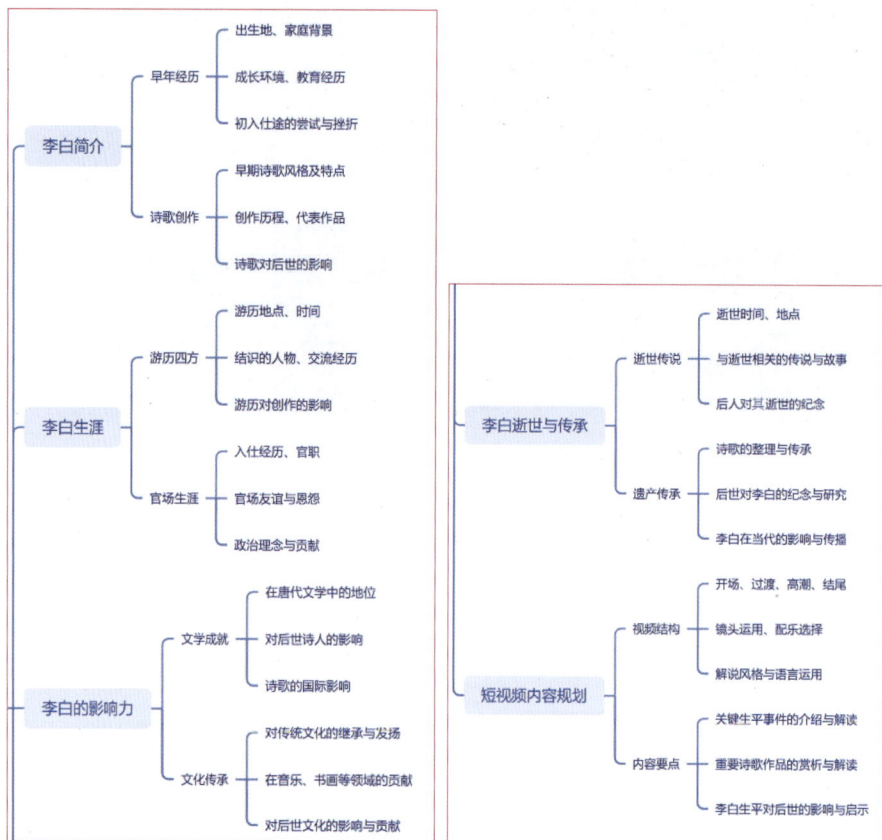

李白简介
　早年经历
　　出生地、家庭背景
　　成长环境、教育经历
　　初入仕途的尝试与挫折
　诗歌创作
　　早期诗歌风格及特点
　　创作历程、代表作品
　　诗歌对后世的影响

李白生涯
　游历四方
　　游历地点、时间
　　结识的人物、交流经历
　　游历对创作的影响
　官场生涯
　　入仕经历、官职
　　官场友谊与恩怨
　　政治理念与贡献

李白的影响力
　文学成就
　　在唐代文学中的地位
　　对后世诗人的影响
　　诗歌的国际影响
　文化传承
　　对传统文化的继承与发扬
　　在音乐、书画等领域的贡献
　　对后世文化的影响与贡献

李白逝世与传承
　逝世传说
　　逝世时间、地点
　　与逝世相关的传说与故事
　　后人对其逝世的纪念
　遗产传承
　　诗歌的整理与传承
　　后世对李白的纪念与研究
　　李白在当代的影响与传播

短视频内容规划
　视频结构
　　开场、过渡、高潮、结尾
　　镜头运用、配乐选择
　　解说风格与语言运用
　内容要点
　　关键生平事件的介绍与解读
　　重要诗歌作品的赏析与解读
　　李白生平对后世的影响与启示

生成思维导图后，制作人员可以根据需求增减其中的文本内容，还可以修改思维导图的结构样式、主题颜色、外框等，以美化思维导图。

腾讯智影　生成数字人播报

腾讯智影是腾讯推出的一款云端智能视频创作平台，支持数字人播报、视频剪辑等功能，可以帮助制作人员更好地进行视频编辑。数字人播报是一种基于AI的语音合成技术，它使用

计算机技术来模拟真实的人类发声和表情，制作人员可以利用该功能模拟一个数字人在视频中讲话，为受众带来更加自然、真实的语音解说效果。例如，使用腾讯智影生成一段讲解李白诗句的数字人播报。

使用方式：数字人播报

使用方式：选择模板/数字人 → 输入播报内容 → 调整播报效果 → 保存并生成
　　　　　播报 → 优化画面 → 合成视频
主要参数：模板、数字人、播报内容、音色、音乐、文本样式等

模板：知识课堂。

数字人：依丹。

播报内容：望庐山瀑布 李白（唐）日照香炉生紫烟，遥看瀑布挂前川。飞流直下三千
　　　　　　尺，疑是银河落九天。

音色：婉清。

音乐：寂。

文本样式：字符颜色RGBA（184,233,134,1）、描边颜色RGBA（65,117,5,1）。

示例效果：

拓展训练

　　请参考上文提供的TreeMind树图和腾讯智影的使用方法，为你喜欢的一本书或一部电影生成思维导图，以确定解说短视频的内容大纲，再根据其中的部分内容生成数字人播报，提升对TreeMind树图和腾讯智影的应用能力。

7.7　课后练习

1．填空题

（1）_____意为视频记录或视频博客，是指通过影像记录并分享个人的日常生活、旅行

体验、工作心得等内容。

（2）＿＿＿＿以讲述一个完整或节选的故事为主要内容，具有明确的情节发展和角色设定。

（3）在＿＿＿＿面板中可以将语音转换成文本。

（4）＿＿＿＿是一种基于AI的语音合成技术，它使用计算机技术来模拟真实的人类发声和表情。

2. 选择题

（1）【单选】（　　）短视频以幽默、搞笑、轻松、有趣等的内容为主，娱乐性较强，能够使受众产生愉悦的心情。

A．科普　　　　　B．趣味　　　　　　　C．解说　　　　　　　D．教程

（2）【单选】在自媒体短视频中设置提问、投票等互动环节可以（　　）。

A．美化视觉效果　B．增强画面视觉冲击力　C．提升参与感和互动性　D．提高生动性

（3）【多选】解说短视频常用于解说（　　）。

A．影视剧　　　　B．图书内容　　　　　C．美食教程　　　　　D．历史人物

（4）【多选】TreeMind树图主要有（　　）功能。

A．AI一句话生成思维导图　　　　　　　B．AI图片转思维导图

C．AI视频生成导图　　　　　　　　　　D．AI文档总结为思维导图

3. 操作题

（1）以"旅游风光"为主题制作旅游卡点趣味短视频，要求画面美观、节奏流畅，结合提供的卡点音乐，使视频画面与音乐相契合，参考效果如图7-59所示。

图7-59　旅游卡点趣味短视频参考效果

（2）为某公园制作一个夏日风光Vlog，要求画面的色彩鲜艳、光线明亮，符合夏日氛围，并在片头制作主题文本动画，参考效果如图7-60所示。

图7-60　夏日风光Vlog参考效果

（3）使用TreeMind树图为企鹅科普短视频梳理内容大纲，参考效果如图7-61所示。再使用腾讯智影为企鹅的基本介绍内容生成数字人播报，参考效果如图7-62所示。

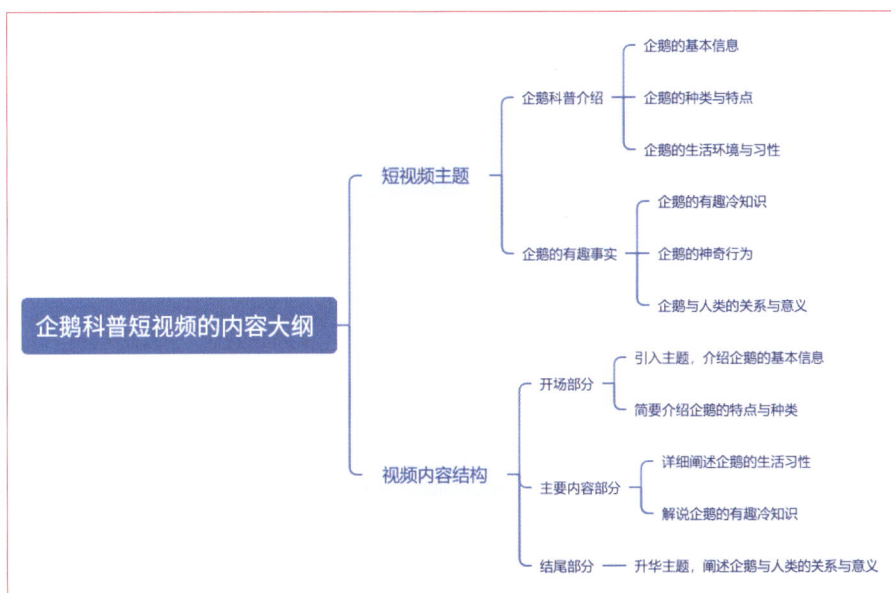

图7-61　企鹅科普短视频的内容大纲

图7-62　数字人播报效果

Pr

第 　 章

电商视频制作

电商是随着信息技术的发展而兴起的一种新型商业模式，它不仅颠覆了传统商业的运作逻辑，而且以其便捷性、高效性等，成为现代经济不可或缺的重要部分。作为连接产品与消费者的桥梁，电商视频以其直观、生动、互动性强的特点，不仅能够抓住消费者的注意力，还能在无形中传递品牌理念与价值，在潜移默化中激发消费者的购买欲望。

学习目标

▶ **知识目标**

◎ 了解电商视频的类型。
◎ 掌握电商视频的制作要点。

▶ **技能目标**

◎ 能够使用 Premiere 制作不同类型的电商视频。
◎ 能够借助 AI 工具抠取产品图像、美化电商视频。

▶ **素养目标**

◎ 坚持诚信为本的原则，确保视频内容真实可信，不误导消费者。
◎ 培养耐心、细致的工作态度，创作出能吸引目标消费者的视频。

学习引导

STEP 1　相关知识学习　　　　　　　建议学时：___1___ 学时

课前预习	1. 扫码了解电商视频的发展历程和常见平台，建立对电商视频的基本认知 2. 网络搜索电商视频案例，通过欣赏电商视频作品激发创意灵感，提升专业水平

课前预习

课堂讲解	1. 电商视频的类型及对应的制作思路 2. 电商视频的制作要点
重点难点	1. 学习重点：产品展示、种草、产品测评等类型的电商视频的制作方法 2. 学习难点：如何抓住消费者痛点

STEP 2　案例实践操作　　　　　　　建议学时：___3___ 学时

实战案例	1. 制作农产品种草视频 2. 制作鞋类专场直播预热视频	**操作要点**	1. "缩放""溶解"效果组的应用 2. 自动重构序列、"超级键"效果、蒙版的应用

案例欣赏

STEP 3　技能巩固与提升　　　　　　建议学时：___3___ 学时

拓展训练	1. 制作凳子测评视频 2. 制作茶叶品牌故事视频
AI 辅助设计	1. 使用Pic Copilot抠取产品图像 2. 使用百度智能云一念美化电商视频
课后练习	通过填空题、选择题和操作题巩固理论知识，提升设计能力与实操能力

8.1 行业知识：电商视频制作基础

电商视频是指应用于电商领域的视频内容，它可以将产品或服务以动态、直观的方式呈现给消费者，达到推广、销售产品，或宣传品牌的目的。与传统的图文内容相比，电商视频具有更强的互动性，同时借助互联网和社交媒体的广泛传播性，能够快速覆盖大量目标消费者，提高产品销量和品牌曝光度。

8.1.1 电商视频的类型

电商视频的内容逐渐多样化，不局限于产品展示和品牌宣传，还涵盖知识分享、场景展示等多个领域，它通过有价值的内容吸引消费者关注并促进消费者产生购买行为。电商视频的主要类型如下。

- **产品展示视频**。产品展示视频的主要目的是全面、生动地展示产品的特点、功能、使用效果及优势。在制作产品展示视频时，可以从不同角度展示产品的外观，让消费者对产品有直观的认识，还可以通过实际操作展示产品的核心功能和特色，让消费者了解产品的适用性和实用性。图8-1所示为枸杞产品展示视频，通过近距离拍摄枸杞，同时结合均匀饱满、肉厚粒大等卖点字幕，强化产品优势。

图8-1　枸杞产品展示视频

- **产品开箱视频**。产品开箱视频通过模拟消费者购买产品后的开箱体验，展示产品从包装中取出的过程，让消费者对产品的外观、包装等有初步印象。在制作产品开箱视频时，需要尽量真实还原开箱过程，保持视频的连贯性，增强消费者的代入感，同时展示产品细节和包装特色。图8-2所示为某物品的开箱视频，通过第一视角模拟打开快递包装的过程，让消费者感受到产品的真实质感，从而建立起对产品的初步信任。

图8-2　开箱视频

● **直播预热视频**。直播预热视频是在直播活动开始前发布的视频，旨在提前吸引消费者关注，提高直播间的曝光率和人气。在制作直播预热视频时，可以提前透露直播内容、福利或优惠信息，营造期待感和紧迫感，促使消费者提前预约或关注直播，同时，还需要明确直播时间和主题，信息展示简洁明了，让消费者一目了然。图8-3所示为零食专场的直播预热视频，视频画面中以零食为背景，逐渐展示直播的相关信息，同时利用优惠信息激发消费者的购买欲望。

图8-3　直播预热视频

● **产品测评视频**。产品测评视频是对产品进行详细测试和评价的视频，在不展示竞争对手品牌的情况下，向消费者展示产品的性能、优缺点和使用体验。在制作产品测评视频时，需要客观地评价产品性能，提供真实、详细的使用体验和测试数据。图8-4所示为饮水机的测评视频，它通过展示对每台饮水机的加热速度、最大出水量、适用场景、实际水温等多个维度的测试，为消费者提供了关于饮水机的有效信息，使消费者可以根据自己的需求和偏好做出购买决策。

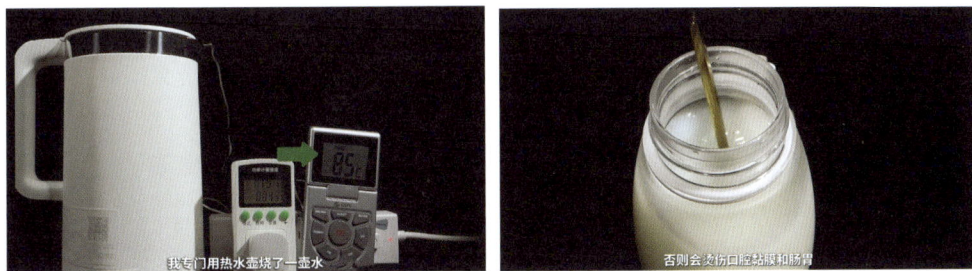

图8-4　饮水机的测评视频

● **种草视频**。种草视频旨在通过推荐产品、展示产品的优势，引导消费者购买，这类视频通常注重内容的吸引力。在制作种草视频时，需抓住消费者的痛点，激发其购买欲望。

● **教程视频**。教程视频是指导消费者如何使用产品或解决特定问题的视频，这类视频通常包含详细的步骤说明和演示过程。在制作教程视频时，需确保步骤清晰明确、易于理解，强调实践性和可操作性，避免消费者产生困惑。图8-5所示为衣柜的安装教程视频，在视频开始处介绍了衣柜各个部件的名称，以便消费者后续安装时能够正确辨认，接下来便开始展示详细的安装过程，同时添加可读性较强的字幕进行说明，使得整个安装过程既直观又易于理解。

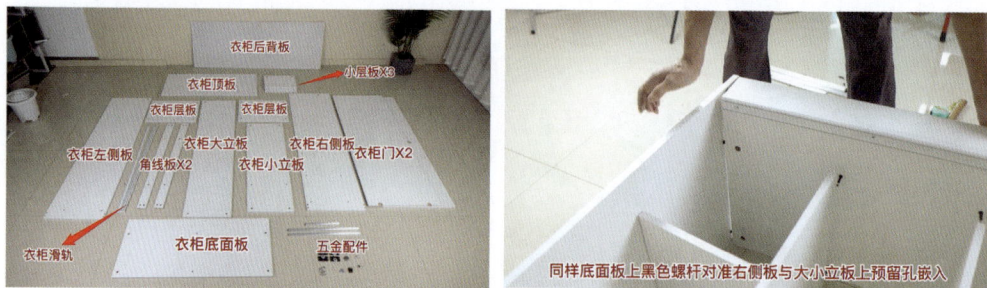

图8-5　衣柜的安装教程视频

- **品牌故事视频**。品牌故事视频是讲述品牌历史、文化、理念或创始人故事的视频，这类视频内容具有情感共鸣性，旨在加深消费者对品牌的印象和认同感。在制作品牌故事视频时，需强调品牌的独特性和价值观，保持视频风格与品牌形象一致。

8.1.2　电商视频的制作要点

作为连接产品与消费者情感的桥梁，一个优秀的电商视频不仅能够直观展示产品的魅力，更能激发潜在消费者的购买欲望，从而提高产品的销量。电商视频的制作要点如下。

- **抓住消费者痛点**。深入了解目标消费者的具体需求和痛点，如利用该产品能解决什么问题、该产品可运用在哪些生活场景等。在制作电商视频时就可以根据需求选择合适的视频类型，规划具体的视频内容，从而更有效地吸引并转化目标消费者。

- **突出核心信息**。电商视频应聚焦于更为核心的信息，避免信息过载，同时结合简洁有力的语言，突出电商视频想要表达的主要内容，如产品优势、直播活动力度、教程的细节等。

- **信息真实且完善**。对于产品的性能、规格等相关信息，提供准确、真实的数据支持，如参数对比、实验数据等，不回避产品的缺点或限制条件。对于直播时间、教程步骤、品牌信息等内容，同样要保证准确性和真实性。

- **符合视频发布要求**。将电商视频发布到不同平台中进行宣传时，建议使用MP4格式，视频分辨率最好不低于1280像素×720像素，且采用平台所支持的比例。如淘宝平台中电商视频常用的比例有1:1、3:2、9:16和3:4，京东平台中电商视频常用的比例有3:4和1:1，拼多多、抖音和快手平台中电商视频常用的比例有9:16和3:4，微信视频号中电商视频常用的比例有16:9和6:7，小红书中电商视频常用的比例有16:9和9:16。

8.2 实战案例：制作农产品种草视频

案例背景

"欣杏农产品"店铺为吸引更多消费者关注与购买自家的荔浦大芋头，准备为该产品制作一个种草视频，展示芋头的高品质和独特风味，再将其投放到电商平台中。该店铺的负责人对该种草视频的要求如下。

（1）画面清晰、色彩鲜艳，从多个角度展现芋头的外观和质地。

（2）在视频中融入店铺Logo和名称，突出芋头卖点。

（3）视频分辨率为800像素×800像素，时长在25秒左右，输出MP4格式的视频。

设计思路

（1）视频内容设计。依次展示蒸芋头、掰开芋头、切芋头等特写画面。

（2）文本设计。在画面上方添加店铺Logo和名称，在画面下方添加清晰易读的卖点字幕，并采用显眼的橙色作为主色。

（3）转场与动画设计。根据画面内容采用不同的转场方式，使画面切换自然。为卖点字幕制作动画效果，起到吸引消费者注意力的作用，并添加装饰元素优化视频画面。

本例参考效果如图8-6所示。

效果预览

农产品种草视频

图8-6 农产品种草视频参考效果

操作要点

（1）添加素材并利用"溶解""缩放"过渡效果组制作转场。

（2）利用"Lumetri颜色"面板优化视频素材的色彩。

（3）添加店铺Logo和名称，以及卖点字幕，并利用过渡效果制作动画。

（4）添加装饰元素并利用"颜色键"效果去除画面中的黑色。

操作要点详解

8.2.1 添加素材并制作转场

微课视频

添加素材并制作
转场

添加视频素材和音频素材，由"蒸芋头"画面作为视频开头，然后通过多
个维度来展示芋头的卖点，接着利用"白场过渡"过渡效果为开头制作转场，
使画面自然地出现；利用"交叉缩放"过渡效果为"掰开芋头"和"切芋头"
两个相似的画面制作转场，加强视觉冲击力，再使用"交叉溶解"过渡效果为
其他画面制作转场。其具体操作如下。

（1）新建"农产品种草视频"项目，导入所有素材。新建分辨率为"800像素×800像
素"、时基为"25帧/秒"、名称为"农产品种草视频"的序列，然后按照图8-7所示的顺序依
次拖曳视频素材至V1轨道，再拖曳"背景音乐.mp3"素材至A1轨道并调整出点，使其出点与
V1轨道上最后一个素材的出点对齐。

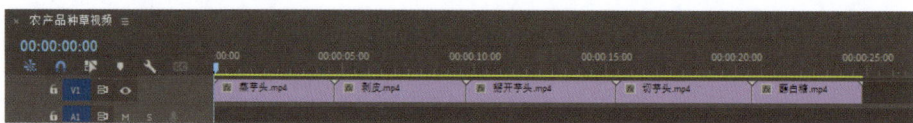

图8-7　添加素材

（2）在"效果"面板中依次展开"视频过渡""溶解"文件夹，拖曳其中的"白场过渡"
过渡效果至"蒸芋头.mp4"素材的入点处，使画面由白色淡入开始，如图8-8所示。

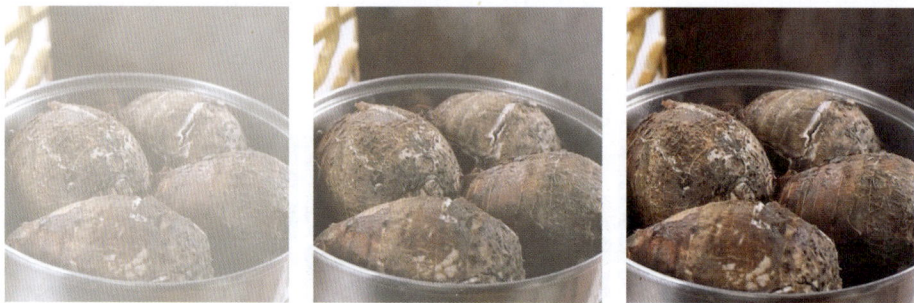

图8-8　"白场过渡"过渡效果的转场效果

（3）在"效果"面板中展开"缩放"文件夹，拖曳其中的"交叉缩放"过渡效果至"掰开
芋头.mp4"和"切芋头.mp4"素材之间，在弹出的"过渡"对话框中单击 确定 按钮，转场
效果如图8-9所示。

图8-9　"交叉缩放"过渡效果的转场效果

（4）依次拖曳"交叉溶解"过渡效果到其他视频素材之间，在弹出的"过渡"对话框中单击 确定 按钮，并均设置对齐为"中心切入"，转场效果如图8-10所示。

图8-10　其他画面的转场效果

8.2.2　优化画面色彩

由于拍摄的芋头视频素材光线不够明亮，且芋头色彩黯淡，因此可利用"Lumetri颜色"面板优化画面色彩，并通过复制的方式将调整后的参数应用到其他视频素材中。其具体操作如下。

（1）选择"蒸芋头.mp4"素材，在"Lumetri颜色"面板中设置图8-11所示的参数，画面调整前后对比效果如图8-12所示。

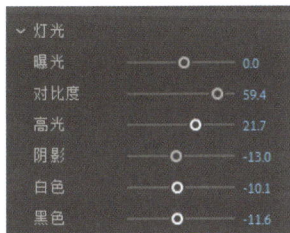

图8-11　调整画面色彩

图8-12　画面调整前后对比效果

（2）在"效果控件"面板中选择"Lumetri颜色"效果，按【Ctrl+C】组合键复制，然后依次粘贴到其他视频素材中，调整后的其他画面效果如图8-13所示。

图8-13　调整后的其他画面效果

8.2.3 添加店铺Logo、名称和卖点字幕

微课视频

添加店铺Logo、
名称和卖点字幕

在视频画面的上方添加店铺Logo和名称，加深消费者对店铺的印象，然后在视频开头处点明产品的名称"荔浦大芋头"，并根据画面内容依次添加芋头的卖点字幕，再为字幕制作渐显动画。其具体操作如下。

（1）将播放指示器移至00：00：00：00处，使用"文字工具" T 在画面上方输入"欣杏农产品"文字并在前面输入6个空格，在"基本图形"面板中设置字体为"思源黑体 CN"、字体大小为"50"、字距为"60"，添加颜色为"#E9A125"的背景，再使该文本素材的出点与V1轨道中的"蘸白糖.mp4"素材出点对齐。

（2）拖曳"Logo.png"素材至V3轨道并调整出点至V1轨道中素材的出点处，然后在"效果控件"面板中设置缩放为"30.0"，再适当调整位置，使其位于文本左侧，添加店铺Logo和名称后的效果如图8-14所示。

（3）为了统一视频开头的效果，拖曳"白场过渡"过渡效果至文本和Logo素材的入点处。

（4）将播放指示器移至00:00:01:00处，在芋头的中间处输入"荔浦大芋头"文字，设置字体为"汉仪秀英体简"、字体大小为"122"、填充颜色为"#E9A125"、描边颜色为"#FFFFFF"，描边宽度为"6px"，取消阴影，文本效果如图8-15所示。

图8-14　添加店铺Logo和名称后的效果　　　　图8-15　产品名称效果

（5）调整"荔浦大芋头"文本素材的出点至"蒸芋头.mp4"素材出点的过渡效果开始处，然后按住【Alt】键向右拖曳该素材进行复制，并使其入点与"剥皮.mp4"素材入点的过渡效果结束处对齐，再修改复制文本的内容为"轻松剥皮　芋香浓郁"，并适当减小字体大小，将文本移至画面左下角。

（6）使用与步骤（5）类似的方法继续复制并修改卖点字幕，效果如图8-16所示。

图8-16　卖点字幕效果

（7）在V4轨道中的每个文本素材的入点处均应用"急摇"过渡效果，并设置持续时间为"00:00:00:15"，再在出点处应用"推"过渡效果，如图8-17所示，文本动画效果如图8-18所示。

图8-17　应用过渡效果

图8-18　文本动画效果

8.2.4 添加装饰元素

为增强视频的趣味性和观赏性，可在部分芋头视频素材中添加动态的装饰元素，并利用"颜色键"效果使其融入芋头画面中。其具体操作如下。

（1）拖曳"动态星星.mp4"素材至00:00:01:00处，调整其出点与"荔浦大芋头"文本素材的出点对齐，然后适当调整缩放和位置。

（2）保持"星星.mp4"素材的选中状态，在"效果"面板中搜索"颜色键"效果，双击该效果进行应用。在"效果控件"面板中设置主要颜色为"#000000"、颜色容差为"175"，前后对比效果如图8-19所示。

图8-19　前后对比效果

微课视频

添加装饰元素

（3）使用与步骤（1）类似的方法，依次为"掰开芋头.mp4""蘸白糖.mp4"素材的画面添加"种草.mp4""热卖.mp4"装饰元素，适当调整元素的入点与出点、缩放和位置，再应用"颜色键"效果去除黑色，效果如图8-20所示。

图8-20　掰开芋头和蘸白糖效果

（4）导出MP4格式的文件，最后按【Ctrl+S】组合键保存文件。

8.3　实战案例：制作鞋类专场直播预热视频

案例背景

"小庆好货"电商账号近期将展开一场鞋类专场直播，为提前吸引目标消费者的关注，激发其购买兴趣，并提升直播的曝光率，需要制作一则预热视频。该电商账号的负责人对该预热视频的要求如下。

（1）准确传达直播的主题、时间、平台等信息，展示直播期间的专属优惠。

（2）画面具有视觉冲击力，节奏紧凑。

（3）视频比例为9∶16，时长在10秒左右，输出MP4格式的视频。

设计思路

（1）视频画面设计。画面中间以较为突出的文本告知消费者该视频的主题，在画面的空白区域添加鞋素材，着重体现出鞋类专场直播的主题，其余区域添加直播的具体信息。

（2）动画设计。为画面中的鞋、文本背景和文本制作不同的动画，使信息依次展现，增强视频的动态感和趣味性。

本例参考效果如图8-21所示。

效果预览

鞋类专场直播
预热视频

图8-21　鞋类专场直播预热视频参考效果

操作要点

（1）利用自动重构序列调整素材的画面比例，再使用"超级键"效果抠取鞋素材。

（2）依次输入直播信息并调整文本样式。

（3）利用不同属性和蒙版为鞋、文本背景和文本制作动画。

操作要点详解

8.3.1　导入素材并抠取鞋素材

将PSD素材以"序列"形式导入，由于画面比例与要求不符，因此需要通过自动重构序列进行调整，然后添加鞋素材，再利用"超级键"效果去除鞋素材中的绿色，突出该场直播的主题。其具体操作如下。

微课视频

导入素材并抠取
鞋素材

（1）以"序列"形式导入PSD素材，并修改序列名称为"鞋类专场直播预热视频"。

（2）在"项目"面板的序列上单击鼠标右键，在弹出的快捷菜单中选择"自动重构序列"命令，打开"自动重构序列"对话框，设置目标长宽比为"垂直9∶16"，如图8-22所示，单击 创建 按钮，重构序列的前后对比效果如图8-23所示。

（3）导入"鞋.jpg"素材，将其拖曳至V6轨道，然后调整其位置至画面右上角。

（4）保持"鞋.jpg"素材的选中状态，在"效果"面板中搜索"超级键"效果，双击该效果进行应用。在"效果控件"面板中单击"吸管工具"　，然后单击吸取素材中的绿色，如图8-24所示，抠取图像的前后对比效果如图8-25所示。

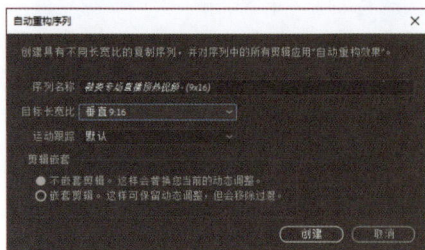

图8-22 自动重构序列

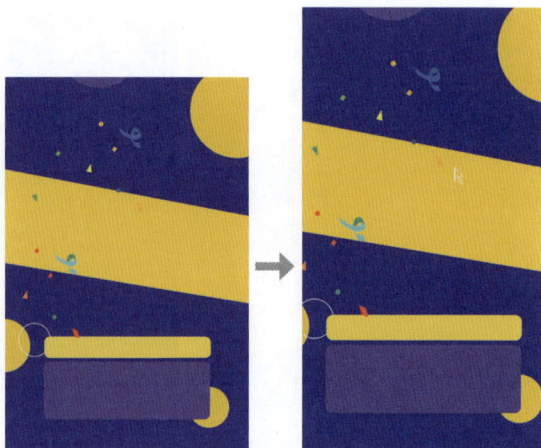

图8-23 重构序列的前后对比效果

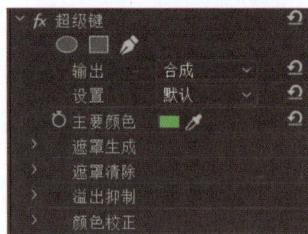

图8-24 应用"超级键"效果

图8-25 抠取图像的前后对比效果

8.3.2 添加文本

在画面的各个区域中输入关于直播的各种信息，并利用不同的文本属性增强层次感，在画面中间突出展示"直播送好礼"文本，直观地告诉消费者该视频的主题，然后在鞋素材左侧可添加"鞋类专场"文本，明确直播的主要内容，再在画面下方添加直播的平台、时间、优惠活动等文本。其具体操作如下。

（1）选择"文字工具" T分别在画面中输入"直播""送好礼"文字（位于V7轨道），设置图8-26所示的参数，并勾选"阴影"复选框，设置颜色为"#FF0000"、距离为"20.0"，文本效果如图8-27所示。

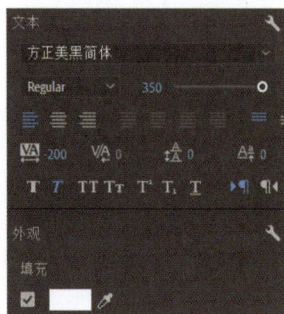

图8-26 设置文本样式

图8-27 文本效果

（2）新建文本素材（位于V8轨道），在画面左上角输入"鞋类专场"文本，设置图8-28所示参数，并取消阴影效果。继续在画面下方新建2个文本素材（分别位于V9和V10轨道）并输入"××平台搜索：小庆好货""2025年6月16日19：00"文本，适当调整其大小与位置。

（3）新建文本素材（位于V11轨道），输入关于直播优惠信息的文本，设置图8-29所示参数，并在各行文本左侧绘制填充颜色为"#FFCD1D"的正圆作为装饰，文本最终效果如图8-30所示。

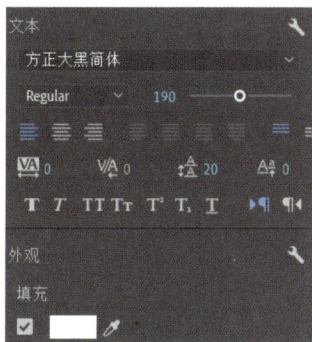

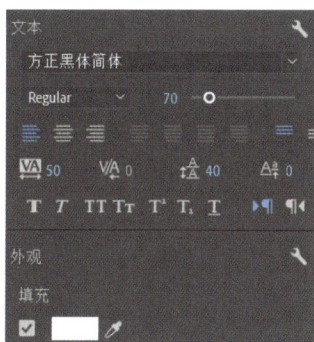

图8-28　设置"鞋类专场"文本样式　图8-29　设置其他文本样式　　图8-30　文本最终效果

8.3.3　制作动画

利用属性和蒙版为画面中的鞋、文本背景和文本制作动画，使各元素依次展现，吸引消费者进一步观看，同时利用不同的动画效果提升整体观看体验。其具体操作如下。

微课视频
制作动画

（1）将所有轨道中的素材出点调整至00：00：08：00处，隐藏除V1、V2轨道的所有轨道。选择V2轨道中的素材，将锚点移至素材左侧，如图8-31所示，然后在"效果控件"面板中取消勾选"等比缩放"复选框，分别在00：00：00：00和00：00：00：10处添加缩放宽度为"0.0""100.0"的关键帧，动画效果如图8-32所示。

图8-31　调整锚点　　　　　　　　图8-32　动画效果

（2）显示V7轨道并选择其中的素材，分别在00:00:00:10、00:00:00:20和00:00:01:00处添加缩放为"20.0""120.0""100.0"的关键帧，在00:00:00:10和00:00:00:20处添加不透明度为"0.0%""100.0%"的关键帧。

（3）显示V8轨道并选择其中的素材，分别在00:00:01:00和00:00:01:10处添加缩放为"20.0""100.0"的关键帧和不透明度为"0.0%""100.0%"的关键帧。

（4）显示V6轨道并选择其中的素材，创建一个四边形蒙版，使鞋能完全显示，将播放指示器移至00:00:02:00处，开启"蒙版路径"属性的关键帧，再将播放指示器移至00:00:01:10处，将蒙版右侧的两个控制点移至左侧，使鞋完全消失。画面上方的动画效果如图8-33所示。

图8-33　画面上方的动画效果

（5）显示V9轨道并选择其中的素材，使用与步骤（4）类似的方法，利用蒙版为其在00:00:02:00和00:00:02:10之间制作从上往下逐渐显示的动画。

（6）显示V3轨道并选择其中的素材，使用与步骤（1）类似的方法修改锚点位置后，在00:00:02:10和00:00:03:00之间制作逐渐变宽的动画。显示V10轨道并选择其中的素材，分别在00:00:03:00和00:00:03:10处添加不透明度为"0.0%""100.0%"的关键帧。

（7）显示V4轨道并选择其中的素材，取消勾选"等比缩放"复选框，分别在00:00:03:10和00:00:04:00处添加缩放宽度为"0.0""100.0"的关键帧；显示V11轨道并选择其中的素材，使用与步骤（4）类似的方法，利用蒙版为其在00:00:04:00和00:00:05:00之间制作从上往下逐渐显示的动画。画面下方的动画效果如图8-34所示。

图8-34　画面下方的动画效果

（8）显示V5轨道并选择其中的素材，先在00:00:00:00和00:00:08:00处为"位置""缩放"和"旋转"属性添加关键帧，然后在中间每间隔2秒的位置适当修改这3个参数，如图8-35所示，调整时需保证装饰元素仍然在画面中，装饰元素的动画效果如图8-36所示。

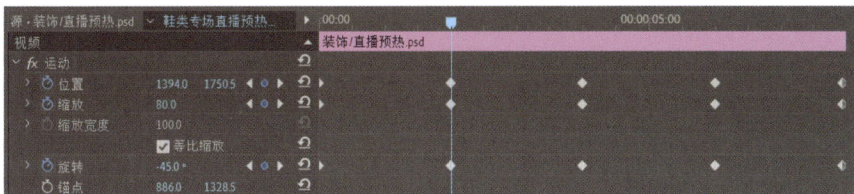

图8-35　为不同属性添加关键帧并调整参数

图8-36　装饰元素的动画效果

（9）导出MP4格式的文件，最后按【Ctrl+S】组合键保存文件。

8.4　拓展训练

实训1　制作凳子测评视频

实训要求

（1）为某家居用品店铺制作一个测评凳子质量的视频，以增强消费者的购买意愿。

（2）视频分辨率为1080像素×1440像素，时长在18秒左右。

（3）制作一个片头字幕突出视频主题，通过多个测评画面展示凳子质量，并结合字幕对画面内容进行说明。

✍ **操作思路**

（1）拖曳视频素材到序列中，适当剪辑素材并调整部分片段的播放速度。

（2）在第一个画面的入点处应用"黑场过渡"过渡效果，在其他画面之间应用"交叉溶解"过渡效果。

效果预览

（3）添加装饰元素并去除黑色，根据画面添加字幕并调整文本样式，再利用过渡效果为装饰元素和字幕制作渐显动画。

具体制作过程如图8-37所示。

凳子测评视频

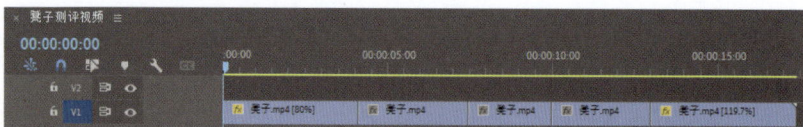

①剪辑视频素材并调整播放速度

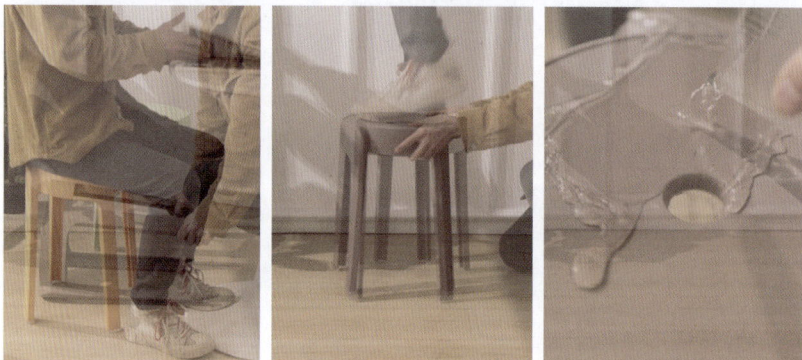

②制作画面转场

③添加装饰元素和字幕动画

图8-37　凳子测评视频制作过程

🖌 **设计大讲堂**

在制作测评视频时，制作人员要具备一定的职业素养，深入了解测评产品，勇于尝试新的创意和表现手法，秉持公正、客观的态度，同时还要关注行业动态和技术发展，不断学习新知识、新技能，提升自己的专业素养和竞争力。

实训 2　制作茶叶品牌故事视频

实训要求

（1）为"茗之味高山绿茶"店铺制作品牌故事视频，加深消费者对品牌的认知和记忆。

（2）视频分辨率为1920像素×1080像素，时长在25秒左右。

（3）通过穿插茶园、采摘茶叶、炒茶、泡茶的视频画面，生动展现品牌的独特魅力。

（4）配音温暖且真挚，以引导消费者深入了解"茗之味高山绿茶"品牌理念。

操作思路

效果预览

（1）添加视频、图像和配音素材，适当剪辑素材并调整视频播放速度。

（2）在素材之间利用过渡效果制作转场，使画面平滑过渡。

（3）将配音素材转录为文本，然后修改其中的错别字和标点符号等。

茶叶品牌故事
视频

（4）从转录后的文本生成单行字幕，再适当调整字幕长短和字幕样式。

具体制作过程如图8-38所示。

①剪辑素材并制作转场

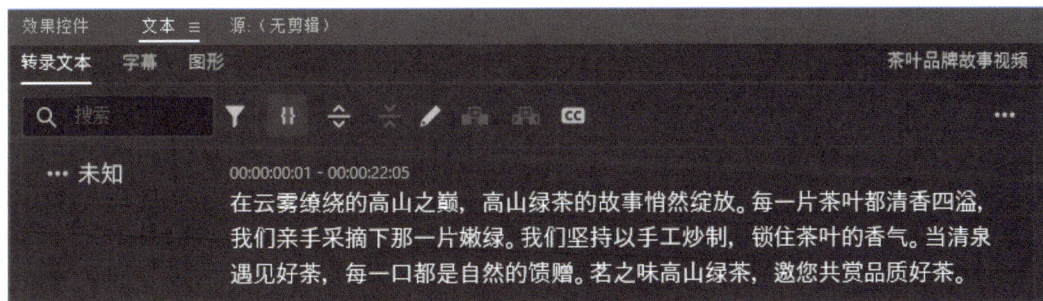

②添加配音素材并转录、修改文本

③生成字幕并调整字幕样式

图8-38　茶叶品牌故事视频制作过程

8.5　AI辅助设计

Pic Copilot　抠取产品图像

　　Pic Copilot是阿里巴巴国际站团队推出的AIGC产品营销图制作工具，它基于阿里巴巴国际站的海量外贸产品信息数据库，利用图像生成模型，通过学习大量图片点击量数据，有效优化产品营销图的营销效果。它提供了一系列AI工具和模板，以满足不同的产品营销需求。Pic Copilot的主要功能如下。

- **一键抠图**。一键抠图可一键智能抠图，保留产品主体，去除杂乱的背景，方便二次编辑。
- **营销图生成**。营销图生成提供多种营销风格、不同行业类目和尺寸的模板，可一键生成产品营销图。
- **AI背景图生成**。AI背景图生成可将产品背景更换为带有光影和质感的专业背景。在制作电商视频时，若是产品素材的背景较为杂乱，制作人员可将产品单独抠取出来，再将其应用到视频中，还可以重新为其添加新的背景，使其符合制作视频的要求。例如，使用Pic Copilot的一键抠图功能抠取单肩包图像。

使用方式：AI一键抠图

使用方式：上传产品图片

百度智能云一念　美化电商视频

百度智能云一念是基于百度文心大模型打造的内容创作平台，集多种功能于一体，极大地提升了内容创作效率，还可以根据需求进行个性化创作，满足不同场景下的内容需求。例如，使用百度智能云一念美化农产品店铺的科学种植技术视频。

使用方式：AI视频

使用方式：上传视频 → 设置视频配置 → 生成视频 → 调整画面 → 导出至作品
主要参数：布局、标题、模板、配音等

布局：竖版。
标题：科学种植技术。
模板：手动选择。
配音：度小贝——活泼女声。
示例效果：

拓展训练

请参考上文提供的Pic Copilot和百度智能云一念的使用方法，抠取出图像中的产品，再利用百度智能云一念为其制作产品展示视频，提升对Pic Copilot和百度智能云一念的应用能力。

8.6　课后练习

1. 填空题

（1）_____视频可以通过模拟消费者购买产品后的开箱体验，让消费者对产品的外观、包装等有初步印象。

（2）_____视频是指导消费者如何使用产品或解决特定问题的视频，这类视频通常包含详细的步骤说明和演示过程。

（3）淘宝平台中电商视频常用的比例有_____、_____、9∶16和3∶4。

（4）Pic Copilot的主要功能有_____、_____和_____。

2. 选择题

（1）【单选】直播预热视频中必须包含（　　　）。

A. 品牌故事　　　　　B. 测评信息　　　　　C. 产品卖点　　　　　D. 直播时间

（2）【单选】想要去除画面中的黑色可以使用（　　　）效果。

A. "色阶"　　　　　B. "颜色键"　　　　　C. "颜色平衡"　　　　　D. 曲线

（3）【多选】电商视频的制作要点有（　　　）。

A. 抓住消费者痛点　　B. 突出核心信息　　C. 信息真实且完善　　D. 随意选择类型

（4）【多选】使用百度智能云一念美化视频时，可以调整（　　　）参数。

A. 布局　　　　　B. 标题　　　　　C. 模板　　　　　D. 配音

3. 操作题

（1）为学趣品牌的文具专场直播制作预热视频，要求视觉效果丰富，能够快速吸引消费者注意，同时展现出直播的相关信息，让消费者一目了然，参考效果如图8-39所示。

图8-39　文具专场直播预热视频参考效果

（2）为艾宠焉旗舰店的一款猫粮制作产品展示视频，要求画面中要有旗舰店名称，字幕与画面内容契合，能够突出猫粮的卖点，参考效果如图8-40所示。

图8-40 猫粮展示视频参考效果

（3）使用Pic Copilot抠取酒壶产品图像，参考效果如图8-41所示。

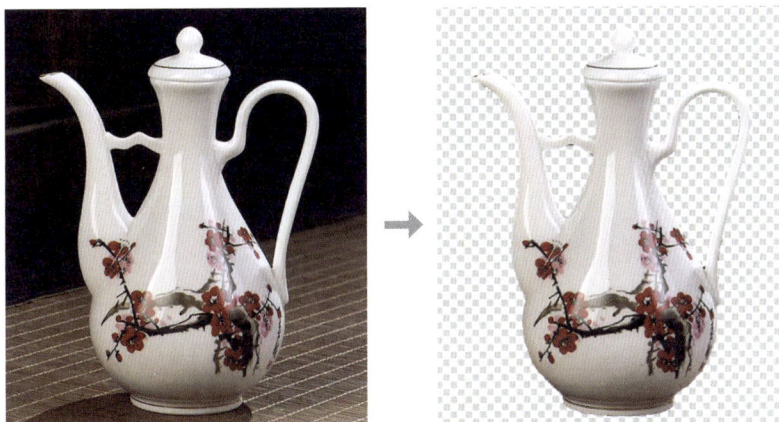

图8-41 抠取酒壶产品图像

Pr

第 **9** 章

综合案例

在实际工作中，视频制作人员通常会接触到不同行业、不同风格的商业案例，这些案例不仅涵盖了广泛的题材和领域，还涉及不同的核心需求和创意。面对多样化的商业案例，视频制作人员不仅要具备扎实的专业技能，还要拥有敏锐的洞察力和创造力，能够从生活中汲取灵感，再将这些灵感融入自己的作品中，制作出符合客户需求、具有市场竞争力的视频作品。

学习目标

▶ **知识目标**

◎ 欣赏专业的商业案例设计项目。
◎ 熟悉多个行业、多种类型的视频制作技巧。

▶ **技能目标**

◎ 能够综合运用 Premiere 的各项功能。
◎ 能够从专业的角度完成不同行业的视频制作。

▶ **素养目标**

◎ 拓宽视野和思维，提升专业技能水平。
◎ 提高独立完成视频编辑与特效制作商业项目的能力。
◎ 保持好奇心和求知欲，培养持续学习与自我提升的习惯。

学习引导

STEP 1　相关知识学习　　　　　　　建议学时：___1___ 学时

课前预习

1. 扫码了解对视频编辑与特效制作人员的职业要求，提升对视频编辑与特效制作行业的认知
2. 网络搜索成体系的视频与特效项目，通过这些项目拓宽视野，激发创作灵感

课前预习

STEP 2　案例实践操作　　　　　　　建议学时：___13___ 学时

商业案例

1. 影视后期项目制作：制作复古风格电影片头、制作电影预告片、制作电影解说视频动画、制作场景特效
2. 自媒体项目制作：制作春游Vlog、制作出游好物种草视频、制作日常碎片卡点趣味短视频
3. 农产品企业项目制作：制作农产品企业宣传片、制作水果产品广告、制作直播预热视频
4. 文化公益项目制作：制作文明城市宣传片、制作节约用水公益广告、制作琴棋书画科普短视频

案例欣赏

9.1 影视后期项目制作

　　某影视公司致力于打造高品质、有深度、有影响力的影视作品。近期，该公司的新电影《流光梦影》拍摄完毕，为确保电影能够呈现出更好的艺术效果，需开展与该电影相关的后期制作项目，同时为后续的宣发做好准备。

9.1.1 制作复古风格电影片头

　　为《流光梦影》电影制作一个复古风格的片头，将受众带入一个充满怀旧与浪漫情怀的世界中。

📇 设计要求

　　（1）片头中需要展示出品人、制片人、导演、监制、领衔主演以及电影名称。

　　（2）视频画面的色调和电影名称要具有复古感，营造出怀旧氛围。

　　（3）视频分辨率为1920像素×1080像素，时长在20秒左右。

> **🔗 设计大讲堂**
>
> 　　复古风格的调色具有以下特点：暖色调，复古风格通常偏向于使用暖色调，如棕色、黄色、橙色等，以营造温暖、复古的氛围；褪色效果，常使用褪色效果或仿旧效果来模拟老式照片或电影的外观特点，使画面看起来更具历史感；对比度，通常会降低画面的对比度，使色彩更加柔和，呈现出一种朦胧和柔美的感觉。

💡 设计思路

效果预览

　　（1）剪辑视频素材并调整播放速度。

　　（2）添加调整图层，利用"Lumetri颜色"面板统一调整整体的画面色调，再根据素材的变化单独优化部分画面，使其符合复古风格的氛围。

　　（3）添加并复制复古线条的特效素材，利用混合模式将其融入画面中，增强复古效果。

复古风格电影
片头

　　（4）添加电影相关人员的信息，并利用过渡效果制作渐显动画；在片尾处输入电影名称，结合多种效果美化文本样式，并为其制作模糊到清晰的动画，以加深受众印象。

　　（5）添加背景音乐并调整出点，最终参考效果如图9-1所示。

图9-1　复古风格电影片头参考效果

图9-1　复古风格电影片头参考效果（续）

9.1.2 制作电影预告片

为《流光梦影》电影制作一个预告片，告知受众电影的上映时间、主要剧情等信息。

设计要求

（1）剪辑电影中的精彩片段，并添加女主角的部分配音。

（2）预告片中要展现出电影名称、上映时间等，在片尾处再次强调重要信息。

（3）字幕要简洁明了，易于受众理解，使其对电影内容产生兴趣。

（4）视频分辨率为1920像素×1080像素，时长在25秒左右。

设计思路

（1）剪辑多个视频素材，并调整部分素材的大小。

（2）使用"Lumetri颜色"面板优化部分素材的画面色彩，如提高色彩对比度、提高整体明亮度等。

（3）使用"矩形工具" ■ 在画面上方和下方绘制黑色矩形，然后在上方的矩形中输入电影名称、电影宣传语和上映时间，并适当调整文本样式，使字幕信息具有层次感，让受众能够快速获取到重要信息。

（4）在视频素材之间应用过渡效果，使画面之间的过渡更加自然。

效果预览

（5）添加配音音频，将其转录为文本，再创建为字幕，然后调整字幕的文本样式，增加识别度。

电影预告片

（6）添加背景音乐并调整音量和出点，再使用音频过渡效果制作淡入淡出效果，最终效果如图9-2所示。

图9-2　电影预告片最终效果

图9-2　电影预告片最终效果（续）

9.1.3　制作电影解说视频

为电影《流光梦影》制作一个解说视频，吸引受众注意力，使其耐心观看下去。

设计要求

（1）视频要与电影解说相关联，让受众能够从中联想到电影解说即将开始。

（2）在视频结尾处展示电影名称，并添加说明文本引导受众更深入地观看电影解说。

（3）视频分辨率为1920像素×1080像素，时长在10秒左右。

设计思路

（1）添加放映机素材，在其后创建一个矩形，利用"Lumerti颜色"面板制作出暗角效果，营造出电影氛围，再在两者之间应用过渡效果。

（2）使用"椭圆工具" ⬤ 在画面中创建多个正圆模拟出胶片盘的形状，然后结合"位置""缩放"和"旋转"属性的关键帧制作动画效果，引导受众视线。

效果预览

（3）在胶片盘右侧输入"流光梦影"文字，适当美化再使用过渡效果为其制作渐显动画。

电影解说视频

（4）在画面右下方利用动态图形模板添加说明文本，加强视觉冲击力，再调整放映机素材的音频出点，最终效果如图9-3所示。

图9-3　电影解说视频最终效果

9.1.4　制作场景特效

为更好地渲染《流光梦影》中主角的情绪，需要制作视频画面由黑白逐渐过渡为彩色的特效，象征主角从封闭与压抑中走出，开始接受并拥抱新生活。

设计要求

（1）视频画面的色彩在变化时要过渡自然，从局部开始逐渐发生改变。

（2）视频分辨率为1920像素×1080像素，时长在15秒左右。

设计思路

（1）添加素材并复制该素材到V2轨道中，利用"黑白"效果将V4轨道中的素材调整为黑白效果。

（2）为上层素材应用多个"颜色键"效果，利用"颜色容差"属性将该素材也调整为黑白效果。

（3）为"颜色容差"属性添加关键帧，并使其在后续恢复为默认值，制作出色彩渐显的效果。

（4）调整关键帧插值，使变化速度由快变慢，色彩淡入更加平滑自然，最终效果如图9-4所示。

效果预览

场景特效

图9-4　场景特效最终效果

9.2　自媒体项目制作

随着社交媒体平台的日益成熟和多样化，越来越多的博主通过创意内容和个性化表达，赢得了大量"粉丝"的喜爱与关注。某分享日常的博主近期准备发布3种不同类型的视频内容，进一步丰富自媒体账号的创作内容，增强粉丝黏性。

9.2.1　制作春游Vlog

将博主提供的视频素材制作为春游Vlog，让受众感受春日的魅力。

设计要求

（1）围绕"春游"主题，展现春天的自然风光、人文气息及个人感受。

（2）画面具有春日氛围感，搭配轻松的背景音乐，营造愉悦的氛围。

（3）视频分辨率为1920像素×1080像素，时长在25秒左右。

💡 设计思路

效果预览

春游Vlog

（1）剪辑视频素材，优化视频画面的色彩，提高明亮度。

（2）添加边框视频素材，利用混合模式使其与视频画面相融合。

（3）先在片头处输入Vlog主题文本和补充性文本，分别利用过渡效果和"位置""不透明度"属性的关键帧制作渐显动画，突出视频主题。

（4）根据视频画面的内容添加相应的文本，利用过渡效果制作渐显动画，吸引受众视线，再添加背景音乐并增强音量，最终效果如图9-5所示。

图9-5　春游Vlog最终效果

9.2.2　制作出游好物种草视频

为两个出游好物制作一个种草视频，激发目标受众的观看兴趣。

📑 设计要求

（1）视频需围绕出游好物的卖点展开，让受众感受到产品的品质。

（2）画面要具有吸引力，适当增加视频的趣味性。

（3）视频分辨率为720像素×1280像素，时长在30秒左右。

💡 设计思路

效果预览

出游好物种草
视频

（1）新建淡蓝色的颜色遮罩作为片头背景，在画面中添加视频主题文本，明确该视频的主要内容。

（2）添加防晒帽和手持风扇的视频素材，根据画面内容依次输入对应的产品卖点文本，并调整文本样式、位置以及时长，让受众一目了然。

（3）添加装饰素材并利用"颜色键"效果去除黑色，将其放置在片头文本上方，然后利用"位置"和"缩放"属性的关键帧，在介绍产品时使其逐渐从画面中间移动至画面左上角，然后复制并多次粘贴该素材，使其能够一直位于画面左上角，删除"位置"与"缩放"属性的关键帧。

（4）添加背景音乐并调整出点，最终效果如图9-6所示。

图9-6　出游好物种草视频最终效果

9.2.3　制作日常碎片卡点趣味短视频

将博主日常生活中拍摄的图像和视频制作成具有趣味性的卡点短视频，提升视频吸引力。

⭐ **设计要求**

（1）选择节奏明快的音乐作为基调，切换画面时快速转场，带动视频的整体氛围。

（2）视频分辨率为720像素×1280像素，时长在8秒左右。

💡 设计思路

（1）添加音频素材，增强音量，根据音频的节奏点添加标记。

（2）依次添加图像和视频素材，并根据标记调整每个素材的入点和出点，再调整部分素材的缩放和位置，使画面内容显示完整。

（3）为素材之间应用过渡效果，并缩短过渡效果的持续时间，增强节奏感，最终效果如图9-7所示。

图9-7　日常碎片卡点趣味短视频最终效果

9.3　农产品企业项目制作

心兴企业凭借其优质的农产品种植基地和先进的生态农业技术，以及前瞻性的战略眼光，积极响应国家乡村振兴战略号召，推动乡村经济转型升级。为了进一步提升企业知名度，增强市场竞争力，该企业决定启动一系列营销宣传活动，需要制作各类宣传物料。

9.3.1　制作农产品企业宣传片

为心兴企业制作一则企业宣传片，进一步树立企业形象，扩大企业影响力，加深受众对企业的认知和好感。

📇 设计要求

（1）展现农产品种植基地的科技力量，融入生态农业理念。

（2）清晰、准确地传达企业理念，使用简洁有力的语言打动受众。

（3）视频分辨率为1920像素×1080像素，时长在30秒左右。

💡 设计思路

效果预览

农产品企业
宣传片

（1）添加、剪辑视频素材并调整播放速度。

（2）使用"Lumetri颜色"面板调整蔬菜、水果画面的色彩，提高亮度和饱和度。

（3）添加背景音乐并调整出点和音量，添加配音并将其转录为文本，再适当修改文本内容，确保文本内容的准确性。

（4）将转录的文本创建为字幕，适当修改字幕内容的断句，使其便于阅读，再调整每段字幕在轨道中的入点和出点，然后统一调整所有字幕的文本样式，最终效果如图9-8所示。

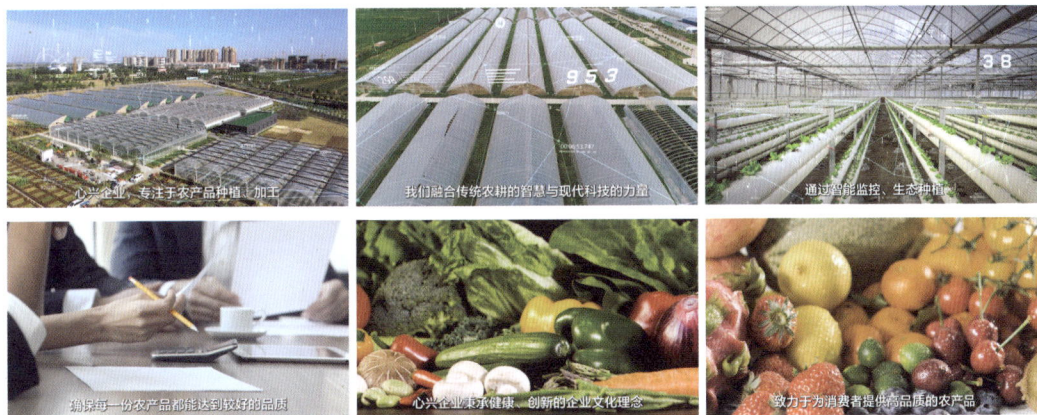

图9-8　农产品企业宣传片最终效果

9.3.2　制作水果产品广告

为提高新品水蜜桃的曝光率和销售量，提升其在水果产品的市场占有率，需要制作一则新品上市的产品广告，用于投放到该企业旗下的实体店内。

设计要求

（1）多个角度展示水蜜桃，突出新品水蜜桃的卖点，激发消费者的购买欲望。

（2）画面切换自然流畅，水蜜桃色彩饱和，具有吸引力。

（3）视频分辨率为1920像素×1080像素，时长在20秒左右。

设计思路

（1）剪辑视频素材，利用"Lumetri颜色"面板依次优化画面色彩，提高对比度和饱和度。

效果预览

水果产品广告

（2）在视频素材之间应用过渡效果制作转场。

（3）用"矩形工具"■绘制白色矩形作为文本背景，加强文本的显示效果，再单独新建文本素材添加文本信息。

（4）利用"缩放高度"和"缩放宽度"属性为白色矩形制作渐显动画，利用"不透明度"属性或蒙版路径为文本制作渐显动画。

（5）添加背景音乐并调整出点，最终效果如图9-9所示。

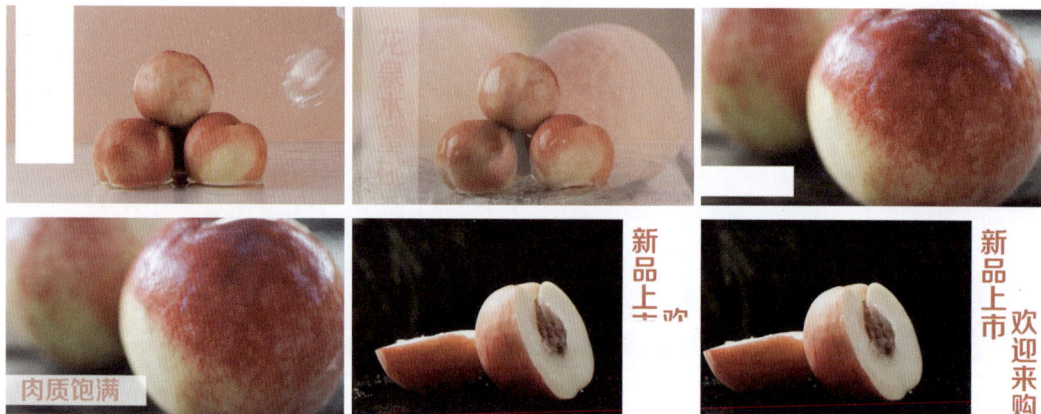

图9-9　水果产品广告最终效果

9.3.3　制作直播预热视频

心兴企业准备在年底进行直播大促，为吸引更多消费者前来观看，需要制作一则具有吸引力的直播预热视频。

设计要求

（1）展现出直播的优惠信息、直播平台和直播时间。

（2）添加欢快的背景音乐，增强视频的感染力和吸引力。

（3）视频分辨率为2052像素×3022像素，时长在8秒左右。

💡 设计思路

（1）以"序列"形式导入PSD素材，在3个文本背景中依次输入文本，生成
3个独立的文本素材，以便后续单独制作动画，再适当调整文本样式。

效果预览

直播预热视频

（2）利用"位置"和"不透明度"属性的关键帧"文本背景1"制作从下往
上移动并逐渐显示的动画；利用"缩放"和"不透明度"属性的关键帧"文本
背景1"上的文本制作逐渐显示的动画，并使其先放大再缩小，加强视觉冲击力。

（3）利用"位置"和"不透明度"属性的关键帧"文本背景2"制作从上往
下移动并逐渐显示的动画；利用"蒙版路径"属性的关键帧"文本背景2"上的文本制作从上
往下逐渐显示的动画。

（4）利用"位置"属性为两侧的红包元素制作不断移动的动画；利用"缩放宽度"属性为
两侧的另外两个装饰元素制作逐渐展开的动画。

（5）利用"缩放宽度"属性的关键帧"文本背景3"制作从中间逐渐展开的动画；利用"蒙
版路径"属性的关键帧"文本背景3"上的文本制作从上往下逐渐显示的动画。

（6）添加背景音乐并调整出点，最终效果如图9-10所示。

图9-10 直播预热视频最终效果

9.4　文化公益项目制作

为积极响应国家关于建设文化强国、生态城市的号召，并深入普及全民教育与环保意识，某文化组织发起了一项综合性的文化公益项目。该项目旨在通过多元化、创新性的媒体内容，倡导文明行为、加强受众对资源节约的认识，同时弘扬优秀传统文化，共同促进社会的和谐与可持续发展。

9.4.1　制作文明城市宣传片

文明城市是指市民整体素质和城市文明程度较高的城市，创建文明城市是构建和谐社会的重要载体和重要推动力。制作一则以"文明城市"为主题的宣传片，旨在引起受众的广泛关注和讨论，为文明城市的发展献计献策，推动文明城市的建设和发展。

设计要求

（1）宣传片的内容可以展现受众在日常生活中的文明行为，体现城市文明风貌。

（2）在宣传片中添加具有呼吁性的文本，引导受众积极加入文明城市的建设中。

（3）视频分辨率为1920像素×1080像素，时长在20秒左右。

设计思路

效果预览

（1）添加视频素材和背景素材并分别调整入点和出点，控制视频总时长。

（2）在各个素材之间应用过渡效果，制作自然的转场效果。

（3）利用"文本"面板依次添加字幕，适当调整文本样式，提高辨识度。

文明城市宣传片

（4）在片尾处添加天空和垃圾桶素材，利用"位置"和"不透明度"属性制作渐显动画。

（5）在片尾画面左侧依次添加文本并绘制装饰性的矩形，然后使用蒙版路径依次为其制作渐显动画，加强画面的动态感，最后添加背景音乐并调整出点，最终效果如图9-11所示。

图9-11　文明城市宣传片最终效果

9.4.2 制作节约用水公益广告

　　为提高全民节水意识，倡导节约用水，需要制作一个节约用水公益广告，用于在短视频平台中传播。

设计要求

　　（1）以"节约用水"为主题，在画面中突出主题文本。

　　（2）根据配音内容为视频添加字幕，帮助受众更好地理解广告内容。

　　（3）视频分辨率为720像素×1280像素，时长在35秒左右。

设计思路

　　（1）添加视频素材，剪辑画面内容并调整视频播放速度。

　　（2）添加配音，在"文本"面板中将其转录为文本，然后在其中应断句的位置输入"，"文本，再修改错误的文本内容，提升字幕的准确性。

效果预览

节约用水公益广告

　　（3）将转录的文本创建为字幕，并适当调整每段字幕的内容，使其符合受众正常的阅读习惯。

　　（4）设置字幕样式，以提高识别度，同时调整较长字幕的文本框，使其完整显示。

　　（5）新建竖屏的序列，添加背景素材并调整位置和缩放，在画面上方输入主题文本和宣传文本，并添加圆角矩形作为宣传文本的背景。

　　（6）添加制作好的横屏视频，适当调整缩放，将其移至画面下方的位置，再利用"比率拉伸工具" ▇调整背景素材的出点，使其与横屏视频的出点对齐，最终效果如图9-12所示。

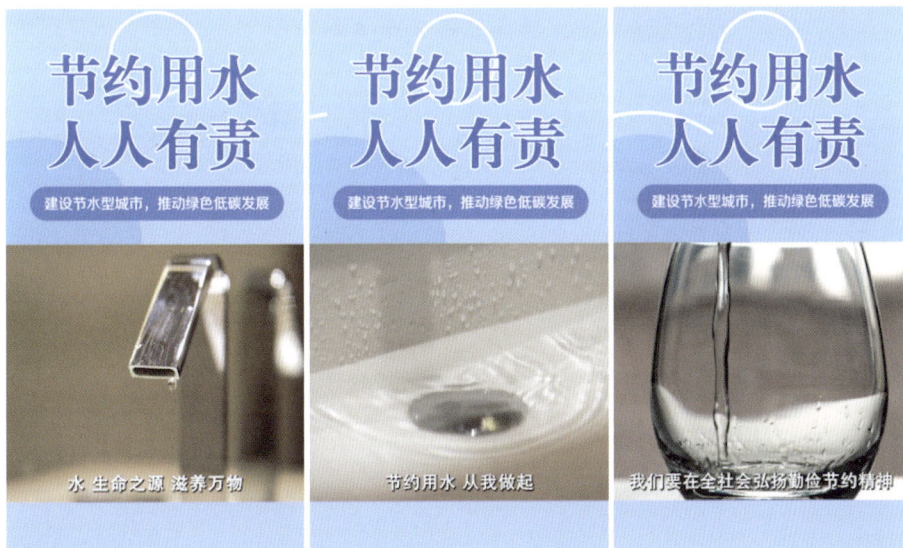

图9-12　节约用水公益广告最终效果

9.4.3 制作琴棋书画科普短视频

为了弘扬中华传统文化，激发人们对传统文化的兴趣，现需制作一部以介绍琴、棋、书、画为主要内容的科普短视频。

设计要求

（1）采用水墨风格，营造出古朴、典雅的氛围。

（2）介绍琴、棋、书、画的基本知识和文化内涵。

（3）视频分辨率为720像素×1280像素，时长在40秒左右。

设计思路

（1）依次拖曳所有的素材至不同轨道，并分别调整其出点。

（2）结合"轨道遮罩键"效果和"不透明度"属性的关键帧，制作出晕染的效果，使"古琴.jpg"素材随着水墨视频逐渐淡出。

（3）添加关于"琴"的文本内容，调整文本样式并利用蒙版制作渐显动画，使其符合人们阅读习惯。

（4）复制与"琴"有关的素材并粘贴3次，依次修改画面和文本内容。

（5）添加"背景音乐"素材并调整其出点，最终效果如图9-13所示。

效果预览

琴棋书画科普
短视频

图9-13　琴棋书画科普短视频最终效果